明·鄧玉函　王　徵撰

奇器圖說

（一）

中國書店

詳校官刑部員外郎臣許兆椿

臣紀昀覆勘

欽定四庫全書　　子部九

奇器圖說　　譜錄類器物之屬

提要

臣等謹案奇器圖說三卷諸器圖說一卷奇器圖說明西洋人鄧玉函撰諸器圖說明王徵撰徵涇陽人天啟壬戌進士官揚州府推官嘗詢西洋奇器之法於玉函玉函因以其國所傳文字口授徵譯為是書其術能以小

力運大重故名曰重學又謂之力藝大旨謂天地生物有數有度有重數為算法度為測量而重則即此力藝之學皆相資而成故先論重之本體以明立法之所以然凡六十一條次論各色器具之法凡九十二條次器重十一圖引重四圖轉重二圖取水九圖轉磨十五圖解木四圖解石轉碓書架水日晷代耕各一圖水銃四圖圖皆有說而於農器水法

尤爲詳備其第一卷之首有表性言解表德言解二篇俱極誇其法之神妙大都荒誕恣肆不足究詰然其製器之巧實爲甲於古今寸所有長自宜節取且書中所載皆裨益民生之具其法至便而其用至溥録而存之固未嘗不可備一家之學也諸器圖說凡圖十一各爲之說而附以銘贊乃徵所自作亦具有思致云乾隆四十九年九月恭校上

總纂官臣紀昀臣陸錫熊臣孫士毅

總校官臣陸費墀

序

奇器圖說乃遠西諸儒携來彼中圖書此其七千餘部中之一支就一支中此特其千百之什一耳余不敏竊嘗仰窺制器尚象之旨而深有味乎璇璣玉衡之一作一器也規天條地七政咸在萬禩不磨奇哉蔑以尚已考工指南而後代不乏宗工哲匠然自化人奇肱之外巧絶弗傳而木牛流馬遂擅千古絶響余甚慕之愛之間嘗不揣固陋妄製虹吸鶴飲輪壺代耕及自轉磨自

行車諸器見之者亦頗稱奇然于余心殊未甚决也偶讀職方外紀所載奇人奇事未易更僕數其中一二奇器絶非此中見所及如云多勒多城在山巔取山下之水以供山上運之甚難近百年内有巧者製一水器能盤水直至山城絶不賴人力其器自能晝夜轉運也又云亞而幾墨得者天文師也承國王命造一航海極大之舶舶成將下之海計雖傾一國之力用牛馬駱駝千萬莫能運也幾墨得營作巧法第令王一舉手引之舶如

山岳轉動須臾即下海矣又造一時動渾天儀其七政各有本同凡列宿運行之遲疾一一與天無二其儀以玻璃為之悉可透視真希世珍也職方外紀西儒艾先生作其言當不得妄余益爽然自失而私竊嚮往曰嗟乎此等奇器何緣得當吾世而一覩之哉丙寅冬余補銓如都會龍精華鄧函璞湯道未三先生以候旨修歷寓舊邸中余得朝夕晤請教益甚讙也暇日因述外紀所載質之三先生笑而唯唯且曰諸器甚多悉著圖說

見在可覽也奚敢妄余亟索觀簡帙不一第專屬奇器之圖之說者不下千百餘種其器多用小力轉大重或令行遠或資修築或運芻餉或便泄注或上下舫舶或預防災祲或潛禦物害或自舂自解或生響生風諸奇妙器無不備具有用人力物力者有用風力水力者有用輪盤有用關捩有用空虛有即用重為力者種種妙用令人心花開爽間有數制頗與愚見相合閱其圖繪精工無比然有物有像猶可覽而想像之乃其說則屬

西文西字雖余嚮在里中得金四表先生為余指授西
文字母字父字二十五號刻有西儒耳目資一書畧知
其音嚮乎顧全文全義則茫然其莫測也於是亟請譯
以中字鄧先生則曰譯是不難第此道雖屬力藝之小
技然必先攷度數之學而後可益凡器用之微須先有
度有數因度而生測量因數而生計筭因測量計筭而
有比例因比例而後可以窮物之理得而後法可立也
不曉測量計筭則必不得比例不得比例則此器圖說

必不能通曉測量另有專書筭指具在同文比例亦大都見幾何原本中先生為余指噭余習之數日頗亦曉其梗槩於是取諸器圖說全帙分類而口授焉余輙信筆習書不次不文總期簡明易曉以便人人覽閱然圖說之中巧器極多第或不甚關切民生日用如飛鳶水琴等類又或非國家工作之所急需則不録特録其最切要者器誠切矣乃其作法或難如一器而螺絲轉太多工匠不能如法又或器之工植甚鉅則不録特録其

最簡便者罷俱切俱便矣而一法多種一種多罷如水法一罷有百十多類或重或繁則不録特録其最妙妙者録既成輙名之為遠西奇罷圖說録最云客有愛余者顧而言曰吾子嚮刻西儒耳目資猶可為文人學士所不廢也今兹所録特工匠技藝流耳君子不罷子何敝敝焉於斯𠚥西儒寓我中華我輩深交固真知其賢矣第其人越在遐荒萬里外不過西鄙一儒焉耳奚為偏嗜篤好之若此余應之曰學原不問精麤總期有濟

於世人亦不問中西總期不違於天茲所録者雖屬枝藝末務而實有益於民生日用國家興作甚急也儻執不罷之說而鄙之則尼父繫易胡以又云備物制用立成器以為天下利莫大乎聖人則夫畸人罕遘紀學希聞遇合最難歲月不待明睹其奇而不録以傳之余心不能已也故嚮求耳目之資今更求為手足之資已耳他何計也夫西儒在茲多年士大夫與之遊者靡不心醉神怡彼且不驕不吝奈何當吾世而覿面失之古之

好學者裹粮負笈不遠数千里往訪今諸賢從絶徼数萬里外齎此圖書以傳我輩我輩反恐拒而不納歟諸賢寥寥数輩胥皆有道之儒來賓來王視昔越裳肅慎不啻遠之遠矣正可昭我明聖德來遠千古罕儷之盛邇來余省新從地中掘出一碑額題景教流行中國碑頌乃唐郭子儀時所傳敬天主之教一一若合符節所載自唐太宗以後凡六帝遞相崇敬甚篤也在昔已然今又何嫌忌之與有客又笑謂余曰是固然矣第就子

言耳目有資手足有資而心獨可無資乎哉西儒縹緗盈室資心之書必多子不之譯而獨譯此器書何也余俯而唯唯曰有迹之器具麤可指陳無形之理譂猝難究竟余小子不敏聊以辨此足矣若夫西儒義理全書非木天石渠諸大手筆弗克譯也此固余小子所夕所深願而力不逮者其尚俟之異日客遂領然而去余因併録其言以識歲月旹天啓七年丁卯孟春關中涇邑了一道人王徵謹識

奇器圖説凡例

一正用

重學

一借資

窮理格物之學

度學

數學

呂律學

一引取

勾股法義

圜容較義

益憲通考

泰西水法

幾何原本

坤輿全圖

簡平儀

渾天儀

天問畧

同文筭指

天主實義

畸人十篇

七克

自鳴鐘說

望遠鏡説

職方外紀

西學或問

西學凡

一制罷罷

度數尺

驗地平尺

合用分方分圓尺　兩端即兩規矩

闔闢分方分圓各由一分分起至十分尺

規矩

兩足規矩

三足規矩

兩螺絲轉闔闢定用規矩

單螺絲轉闔闢任用規矩

畫銅鐵規矩

畫紙規矩

作雞蛋規矩

作螺絲轉形規矩

移遠畫近規矩

寫字以大作小以小作大規矩

螺絲轉母

活鋸

雙翼鑽

螺絲轉鐵鉗

一記號

號必用西字者西字號初似難記然正因其難記欲覽者恠而尋索必求其得耳況號止二十形象各異又不甚煩不甚難乎今將西字總列于左即以中字並列釋之以便觀覽且欲知西字止二十號耳可括萬音萬字之用

a e i o u ç ch k p t j v f g l m n s x z

了額衣阿午則者格百德日物弗額勒麥搦色石黑

以上記號蓋因圖中諸器多端須用標記而

後説中指其記用一一可詳解耳用之不盡

不論也圖之簡明易知者則不用

一凡所用物名目

柱

長柱

短柱

梁

横梁

側梁

架

高架

方架

短架

槓杆

軸

立軸

平軸

觚軸

輪

立輪

攪輪

平輪

斜輪

飛輪

行輪

星輪

鼓輪

齒輪

輻輪

觚輪

燈輪

水輪

風輪

十字立輪

十字平輪

半規斜輪

木板立輪

木板平輪

鋸齒輪

半規鋸齒輪

上下相錯鋸齒輪

左右相錯鋸齒輪

曲柄

左右對轉柄

上下立轉曲柄

單轆轤

雙轆轤

滑車

推車

曳車

駕車

王衡車

龍尾車

恒升車

索

曳索

垂索

轉索

經索

水犀

水杓

連珠犀

鶴膝轉軸

風蓬

風扇

活輥木

活地平

活桔槔

一諸羅所用

用羅

用人

用馬

用風

用水

用空

用重

用槓

用輪

用龍尾

用螺絲

用科杆

用滑車

用攪

用轉

用推

用曳

用揭

用墜

用薦

用提

用小力

用大力

用一罷

用數罷

用相等之器
用相勝之器
用相通之器
用相輔之器

一諸器能力
能以小力勝大重
能使重者升高
能使重者行遠

能使在下者遞上而不窮

能使不動者常動而不息

能使不鳴者自鳴

能使不吹者自吹

能使大者小

能使小者大

能使近者遠

能使遠者近

一諸罷利益

省大力

免大勞

解大苦

釋大難

節大費

長大識

增大智

致一切難致之物平易而無危險

一全器圖說

起重圖說

引重圖說

轉重圖說

取水圖說

轉磨圖說

解木圖說

解石圖說

轉碓圖說

轉書圖圖說

水轉日晷圖說

代耕圖說

水銃圖說

水銃圖說

取力水圖說

書架圖說

人飛圖說

奇器圖說卷一

明 鄧玉函 撰

奇器圖說譯西洋文字而作者也西洋凡學各有本名此學本名原是力藝力藝之學西洋首有表性言且有解所以表此學之內美好次有表德言所以表此學之外美好今悉譯其原文本義兩列於左

力藝重學也

力是氣力力量如人力馬力水力風力之類又用力如力之謂如用人力用馬力用水風之力之類藝則用力之巧法巧器所以善用其力輕省其力之總名也重學者學乃公稱重則私號蓋文學理學算學之類俱以學稱故曰公而此力藝之學其取義本專屬重故獨私號之曰重學云

表性言

蓋此重學其總司維一曰運重

凡學各有所司如醫學所司者治人病疾算學所司者計數多寡而此力藝之學其所司不論土水木石等物則總在運重而已

其分所有二一本所在内曰明悟一借所在外曰圖籍

人之神有三司一明悟二記含三愛欲凡學者所取外物外事皆從明悟而入藏於記含之内異日明悟愛之而欲用之直從記含中取之足矣此學

之本所在内者也至古人已成之器之法載在圖籍則又吾學之借所也故曰在外

其造詣有三一由師傳一由式樣一由看多想多做多

凡學皆須由此三者而成而此力藝之學賴此三者更亟不得師傳不會做不有式樣亦不能憑空自做兩者皆有矣而眼看不熟心想不細手做不勤終亦不能精此學蓋大匠能與人規矩不能使

人巧巧必從習熟而後得也故曰習慣如自然三者並尊而第三尤為切近何也師傳易明但師不克常在則難式樣最便然亦有有式樣而不能便惺然者故自己看多想多做多尤切近也

其作用有四一為物理二為權度三為運動四為致物

理如木之有根本也木有根本則千枝萬實皆從此生故人能窮物之理則自能明物之性一理通

而衆理可通一法得而萬法悉得矣窮理原為學者之急務而於此力藝之學尤為當務之首理既窮矣假如兩理不知誰重誰輕則必權之度之理因相比而可較然其自分也故權度次之夫理窮而權度亦既審矣夫然後遇物之重者舉人力所不能運所不能動者以此力藝學之法之器而運動之無難也故運動又次之顧運動何為總欲致其物耳假如人生有饑有寒則思致飲食致衣服

諸物避風避雨則思致城郭致宮室諸物防物害防敵攻則又思致干戈致火器諸物凡此諸物非此力藝之學莫能致之故以致物終之者正以明此學大用之終竟耳四用似有先後而實皆相聯假如欲致物不得運動法則不能制欲運動不得權度則運動無法而權度不根諸窮理則將孰權孰度焉故四者相須總為此學之大用

其所傳授因起則有五一始祖遞傳 二窮廹生心 三

觸物起見四偶悟而得五思極而通

相授之原有一大人名亞希默得新造龍尾車小螺絲轉等器又能記萬器之所以然今時巧人之最能明萬器所以能之理者一名未多一名西門又有繪圖刻傳者一名耕田一名剌墨里此皆力藝學中傳授之人也其云窮迫生心者如因饑寒所迫則思作飲食作衣服因風雨所迫則思作城郭作宫室因物害敵攻所迫則思作干戈作火器

之類是也觸物起見者如觸於魚之搖尾水中則因之作柁觸於魚之以翅左右則因之作櫓觸於松鼠之伏板竪尾渡水則因之作帆之類是也偶悟而得者如一國王以純金命一匠作器匠潛以銀雜之王欲廉其弊弗得也亞希默得因浴而偶悟焉謂金與銀分兩等而體段大小不等金重而小銀重而大以器入水驗其所留之水誰多誰寡則金與銀辨矣遂明其弊而匠自服罪之類是也

思極而通者人能常思常慮則心機自然細密明悟自然開發所謂思之思之又重思之思之不得鬼神將通之者是也此數者雖不由傳授然有因而起故統系傳授之下而另列之為因起云

論其料曰理曰法縱千百其無盡

料者力藝學中之材料也如一重物難起或用人力或用馬力或用關捩或用輪盤一法不足百法助之其機種種不同其材料不越理法兩端隨人

明悟相度取用可千變萬化而不窮也

核其模有體有制實次第而相承

模即體制蓋有材料而不有體制作模則必不能成一器然體制雖或千百不同而其實則各各次第相承而不紊譬如自鳴鐘大輪小輪其中名目甚多必一一次第相聯而後可以自鳴也一紊其序則不成其用矣

所正資而常不相離者度數之學

造物之生物有度有數有重物物皆然數即筭學度乃測量學重則此力藝之重學也重有重之性理以此重較彼重之多寡則資筭學以此重之形體較彼重之形體大小則資測量學故數學度學正重學之所必須蓋三學均從性理而生如兄弟內親不可相離者也

所借資而閒可相輔者視學則目司之律呂

夫重學本用在手足而視學則目司之律呂學則

耳司之似若不甚關切者然離視學則方圓平直不可作離律呂學則輕重疾徐甘苦高下之節不易協況夫生風生吹自鳴等器皆借之律呂故兩學於重學雖非內親乎而實益友可相輔而不可少也

此其取精也既厚則其奏效也必弘故能力甚大其所裨益於人世者良多也命曰重學學者其可忽諸

夫此重學既從度數諸學而來其學可謂博而約

矣原非一蹴而成功自可隨奏而輙效只就起重一節言之假如有重於此數百千人方能起或猶不能起而精此學者止用二三人即能起之此其能力何如也既省多力又節大費且平實而不致險危其裨益於人世也又何如故名以重學雖專為運重而立名亦以見此學關繫至重有志於經世務者不宜輕視之耳

或問表性言一句耳而解奚為如此之多曰此學

最奇亦最深不詳解不能遽曉此中之妙之法之性理故解已詳而余復為詳註之者總期人人之易曉也

表德言

前所表者重學之内性耳兹復表其外德

是重學也最確當而無差

天下之學或有全美或有半美不差者固多差之者亦不少也惟筭數測量毫無差謬而此力藝之

學根於度數之學悉從測量筭數而作種種皆有理有法故最確當而毫無差謬者惟此學為然非如他學此或以為可彼或以為否此或見以為是彼復駁以為非者此蓋人同具明悟知其所以然自不得不是之非强也間有差亦非此學之差有器之材質或有差不則人之所作如法與不如法耳

至易簡而可作

蓋器之公者止有一器之所以然亦止有一且至為明白不依賴於多體況其體相聯不多如通一體則他體可以相推但一留心自可通曉不似他學費盡心力而猶或不易曉也其理易明其法有迹而易見其器又悉有成式而可擬故此學至易至簡而人人可作

然奇古可怪聞者似多驚詫非常

人多勝多或人多而勝寡不怪也人寡能勝人多

則可怪如以大力運大重奚足怪今用小小機器輒能舉大重使之升高使之行遠有不驚詫為非常者鮮矣然能通此學知機器之所以然則怪亦平常事也試觀千鈞之弩惟用一寸之機萬斛之舟衹憑一尋之柁豈不可怪而世因常常用之則亦視為日用家常物耳

而精妙難言見之自當喜慰無量

饑得餐渴得漿則自生喜慰而此精妙之器乃吾

人明悟之美味也同具明悟者寧能不喜況有大

重於此用大力多力不能起者一旦用小力而大

重自起見之有不喜慰者乎故器之精妙筆舌難

盡形容但人一見器之精妙未有不歡欣慰悅者

也昔亞希默得欲辯金與銀雜之故不得偶因沐

浴而悟得其故則歡慰之極至於忘其衣著赤身

報王是一證也

堪為工作之督府

凡工匠皆有二等一在上一在下下者奉上之命躬作諸務有同僕役上者指示方畧而不親操斧鑿者也自有此學總百工之在上者亦皆在下而此學獨在其上蓋百工之在上者非此宗工無所取法無所稟承其尊貴有五一能授諸器於百工二能顯諸器之用三能明示諸器之所以然四能於從來無器者自創新器五能以成法輔助工作之所不及故曰督府云

可開利益之美源

民生日用飲食衣服宮室種種利益為人世急需之物無一不為諸器所致如耕田求食必用代耕等器如水乾田乾水田必用恒升龍尾轆轤等器如榨油必用螺絲轉等器如織裁衣服必用機車剪刀等器如欲從遠方運取衣食諸貨物必用舟車等器如欲作宮室所需金石土木諸物必用起重引重等器人世急需之物何者不從此力藝之

學而得故即稱爲衆美之源可也不寧惟是即救大災捍大患如防水害則運大石以築堤防火災則用吹筩以灑水遇猛獸則用弓弩刀鎗遇大敵則用拂郎大銃就中以寡勝衆之妙不能盡述則夫通此學者寧非濬開萬用之美源也哉推而廣之如鑿礦砂采取金鐵資貿易兵甲之費製風琴自奏音響佐清廟明堂之盛自鳴鐘自報時刻濟日晷晴陰之窮諸般奇器不但裕民間日用之常

經抑可裨國家政治之大務其利益無窮學者當
自識取之耳

公用則萬國攸同
夫文物之邦無器不用固矣乃窮荒絕徼如綠頭
國人在北極出地七十多度之下無城郭州縣可
謂至僻之地至野之國矣亦知用皮船取水族用
弓矢取鳥獸然則器用之公普大地無不同然何
其廣耶

創垂則千古不異

自有天地以後至洪水時人民衆多有一國王是女主名塞密剌密造一大府名巴必睒其城周六萬步高二十丈廣厚五丈周造城樓二百五十座用役一百三十萬人一年造完彼時無器不有無器不用傳至於今新新不已豈不千古如常也哉

立法之妙合乎天然

天下之物皆天然自生自成而此器之法乃因物

理而生而成所謂有物必有則者此也然法雖由於造作而比於生成之物則或有相似有相帮有相勝有相笑者非一端也譬如天體晝夜自行運旋而器之自轉磨自行車自鳴鐘等類輒能一一與天相似人之耳目手足自視自聽自行自持而器之製成人像者輒又手能自持自起足能自行自止目能自開自張一一與人相似不謂巧擬化工矣乎間有物力人力不能及者或以螺絲龍尾

轆轤輪盤或用風用水用空皆可佐之助其不及是為相帮所云叅贊輔相殆亦此義歟至於以小力起大重運大重轉大重雖至重之物悉足勝之無難是天地間無有勝過此器者矣且重之性原在下而此器不特勝之更能使重者自上而不覺如龍尾取水水止知其已下也而不知其已上也豈不可笑也哉有此數端故云立法之妙合乎天然詎曰小道之可觀實為大學之急務然此特撮其梗概下文方細為敷陳

款凡六十一

第一款

最重無過於地地在天之下必在中心試觀上圖乙丙丁戊為星天己庚為大地辛丁為地平人常見者自戊至乙至丁為半天故知地在天之下中心也儻使地或在子則其徑特為少半而星在戊丁上者不得見矣

第二款

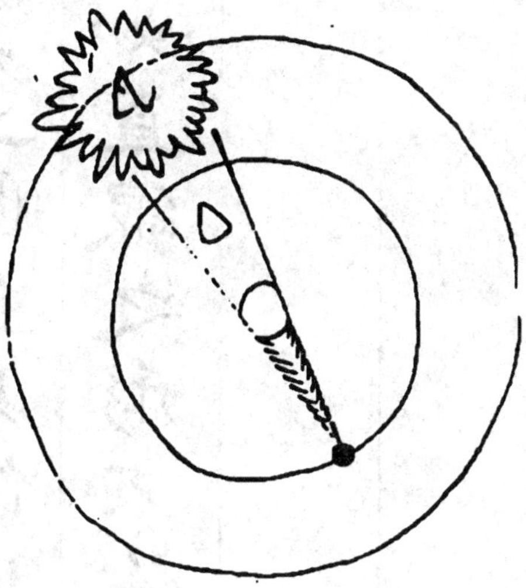

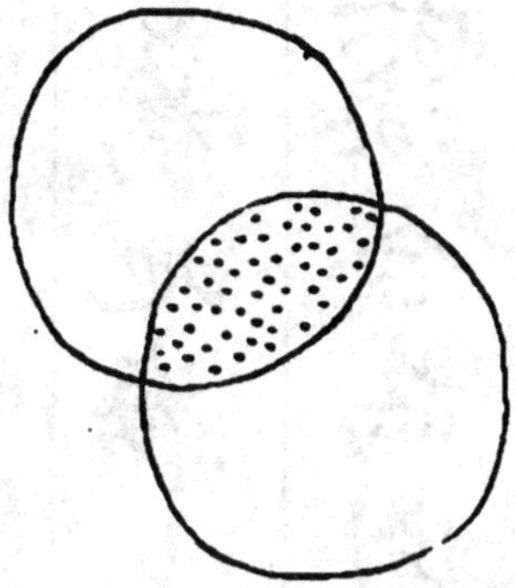

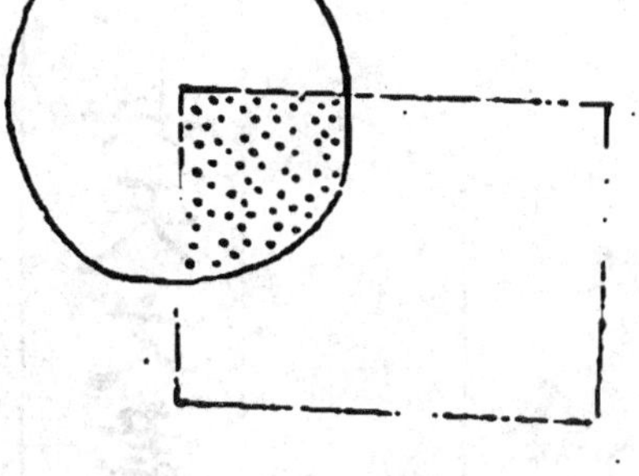

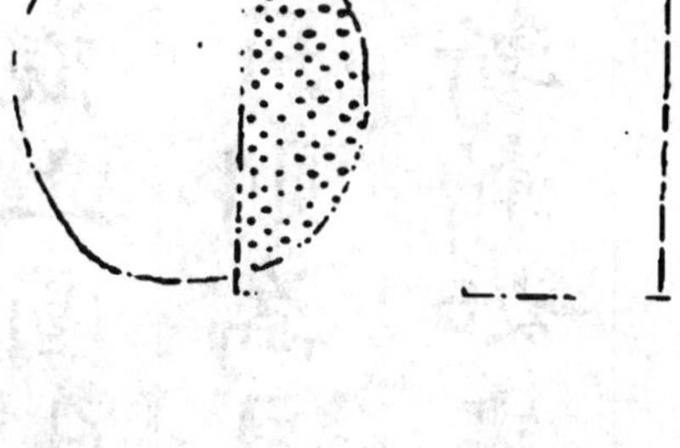

次重無過於海海附於地合為一球試觀上圖乙為日輪巳為地海己為月△為日影影過月則為月食惟地與海合為圓球其影亦圓故月食漸漸如半規也觀第二圖自見儻地形是方則其影亦方月食當截然如直線之形不作半規形矣詳具天文書中

第三款

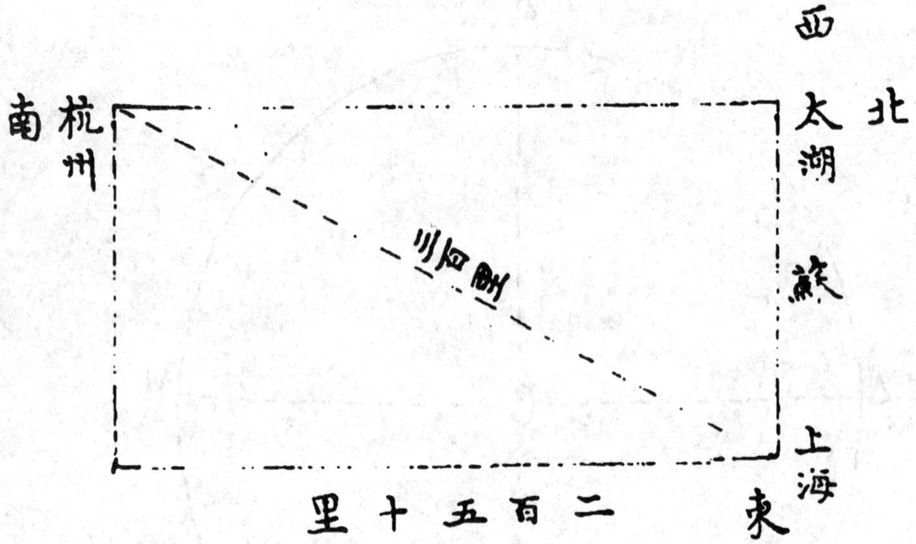

西 北

南 杭州

太湖

蘇

上海

三百里

東

二百五十里

重之廣大無過地球其面與其心相距一萬餘里每圓界三百六十度所以地球圓界亦有三百六十度每有二百五里里所以相乘得九萬里因圓界厶乙△儿有九萬里所以厶至乙徑用二十二與七比例得二萬八千六百三十三里自厶至乚半之得一萬四千三百十六里餘故云地球之面與其心相距一萬餘里也何以知一度有二百五十里耶假如杭州北極出地三十度十三分上海北極出地三十一

度十三分是相距為一度矣上海雖在東北但與蘇州太湖東西相對所以南北同度計曲路三百餘里正路則止有二百五十里耳第二圖自明

第四款

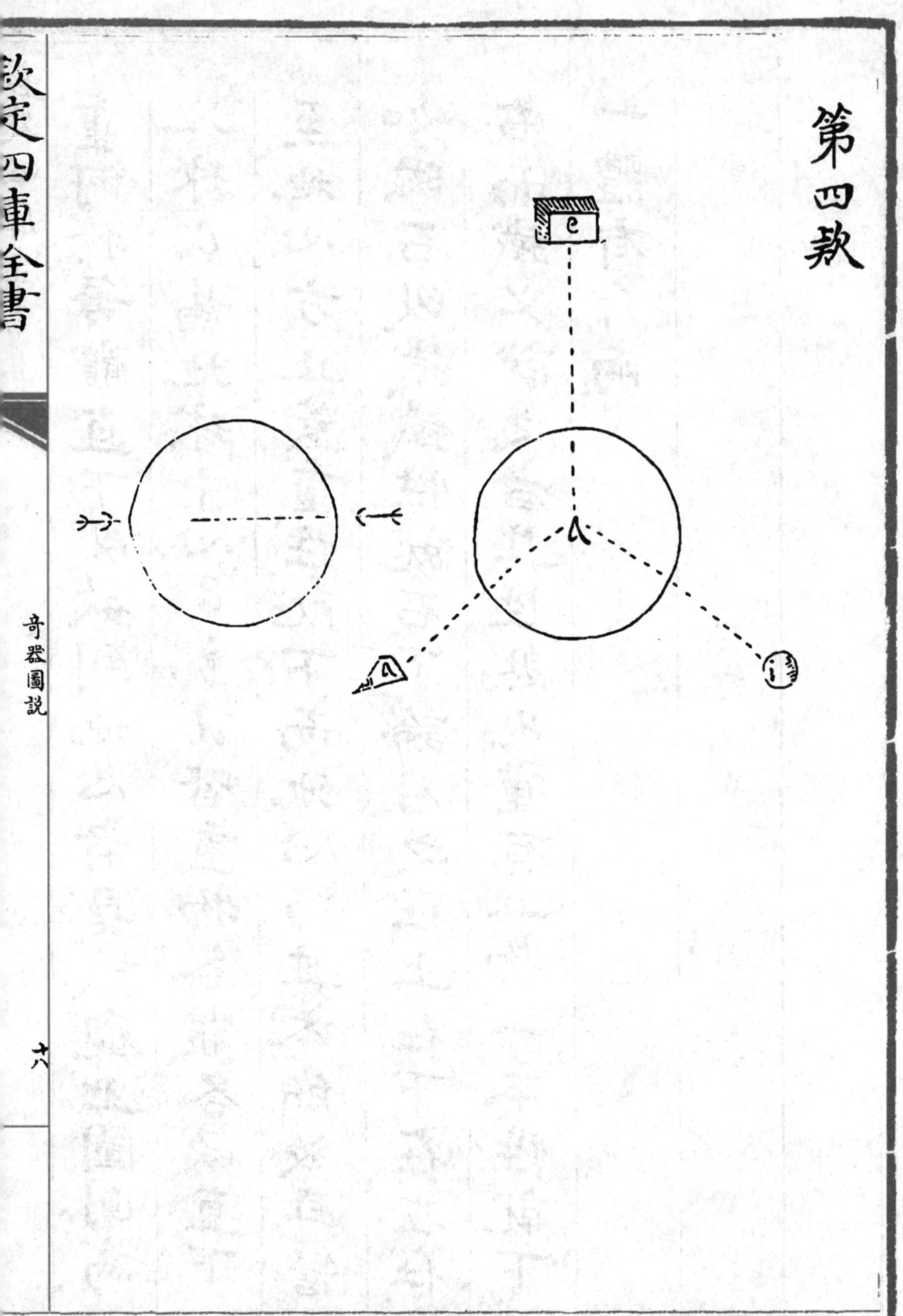

重何物每體直下必欲到地心者是試觀上圖圓為地球a為地球中心e i u皆重物各體各欲直下至地心方止蓋重性就下而地心乃其本所故耳譬如磁石吸鐵鐵性就石不論石之在上在下在左在右而鐵必就之者其性然也重有二物一本性就下一體有斤兩

第五款

金

銀

鐵

物之本重

本重者如金重於銀銀重於鐵之類是也蓋金與銀體段一樣而金重銀輕是金之質原本重於銀非以一兩金與十兩銀相較之重故曰本重云

第六款

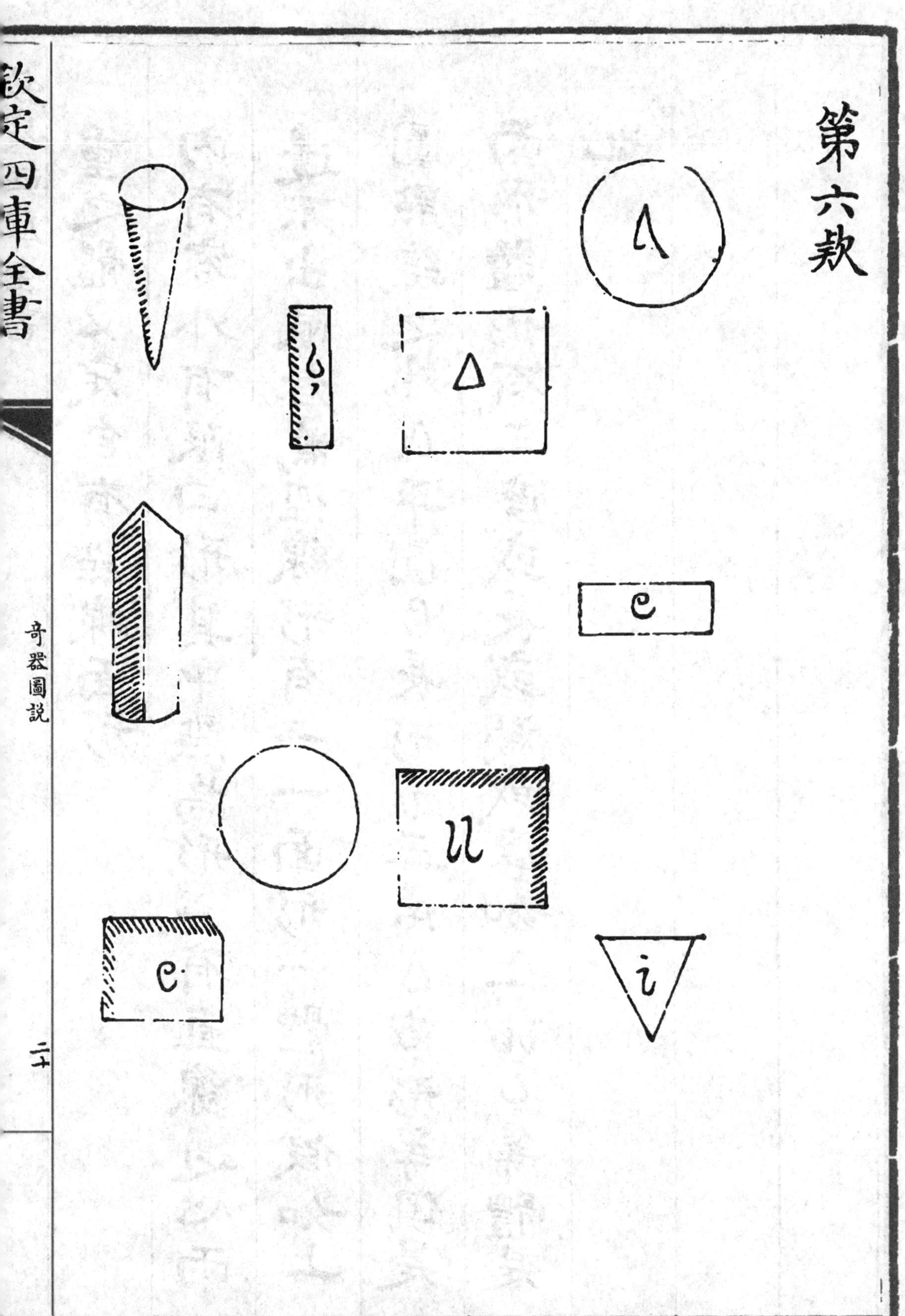

重之體必定自有點線面形

內有容外有限曰形其中點為形心有直線過心兩邊不出限者為徑線形有二一面形一體形假如上圖點線之外ㄙ平圓ㄈ長形·ㄟ三角ㄙ方形等俱是面形體形有三度或長或闊或厚如上ㄦㄟ等體是也

第七款

重之心重繫於心則不動

假如有重於此以線繫之果在其心如則不偏不動

儻不在心如已則必偏且垂下矣

第八款

每重各有其心

假如有重於此兩邊重相等則重心必在其中無疑

也每重但有一重心

第九款

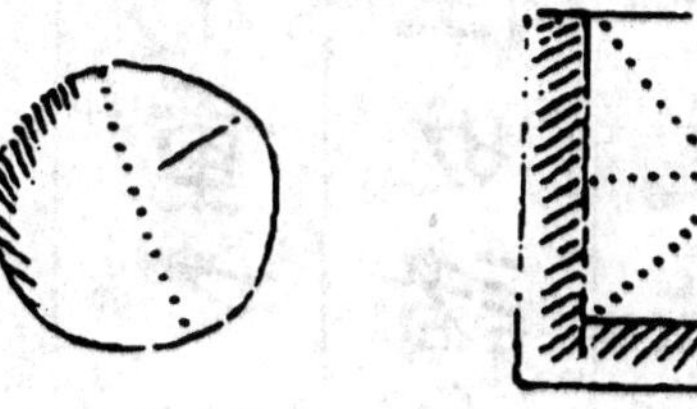

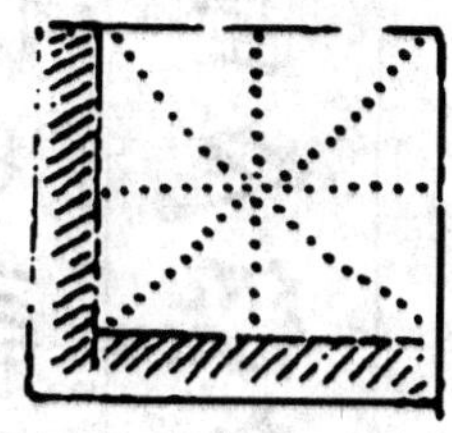

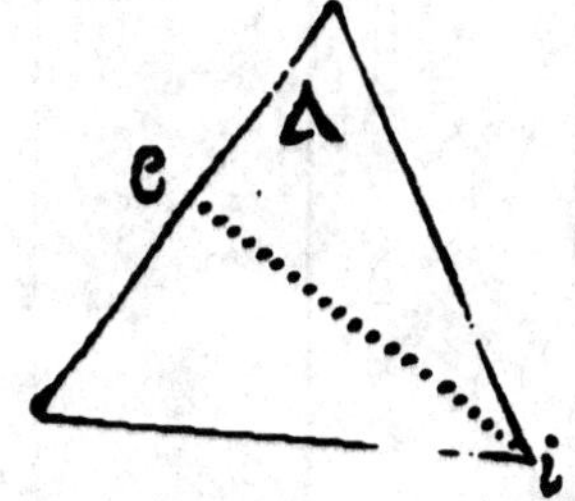

有直線過重心不出兩限者爲重之徑

假如甲乙丙三角形重之心在中點直線從乙至丙過中心則爲重之徑也諸重皆然如上立方圓三徑皆從重心直過故重之徑無窮盡也

第十款

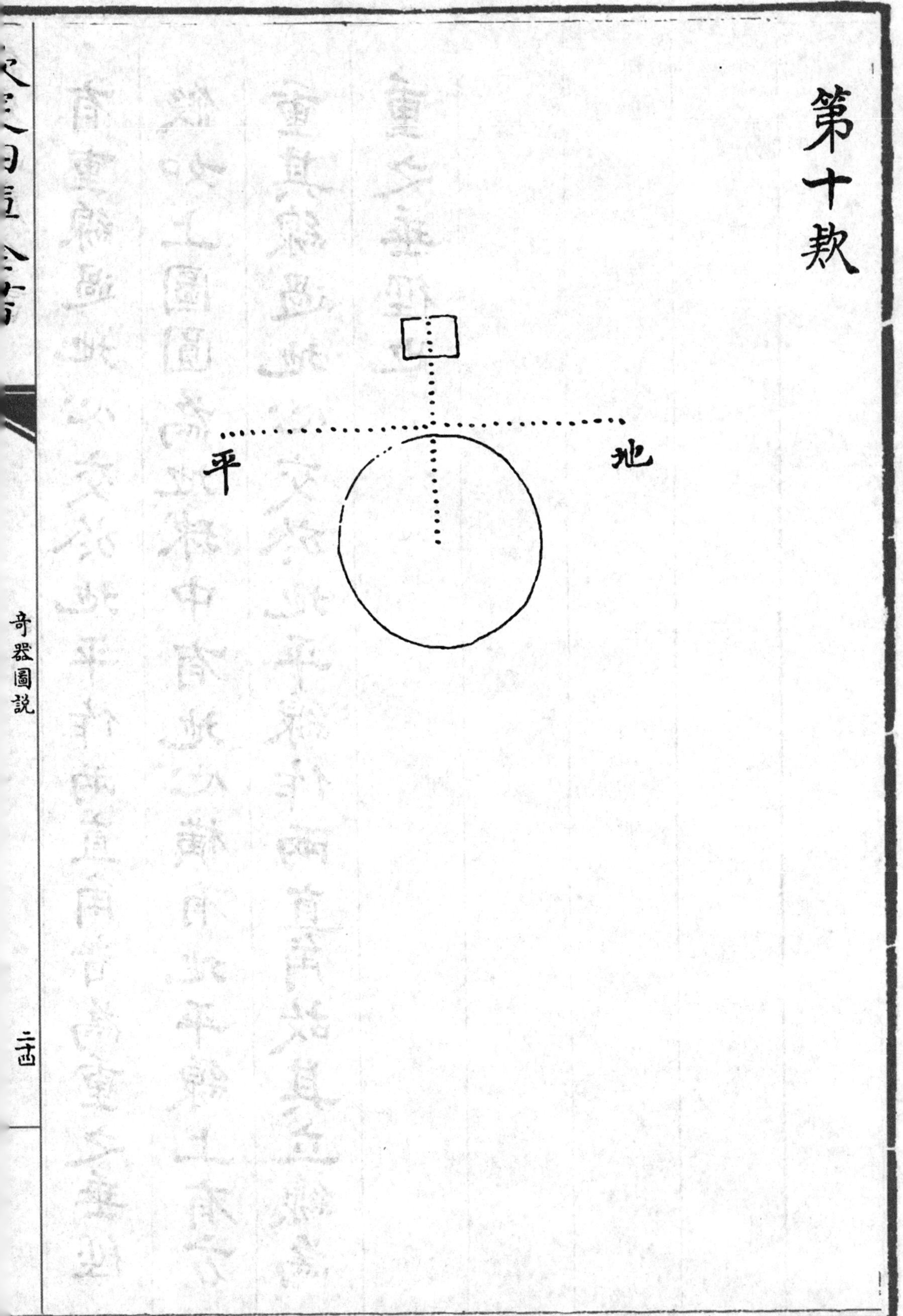

有重線過地心交於地平作兩直角者為重之垂徑

假如上圖圜為地球中有地心横有地平線上有方

重其線過地心交於地平線作兩直角故其立線為

重之垂徑也

第十一款

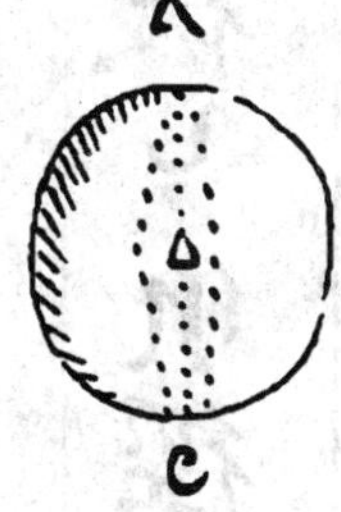

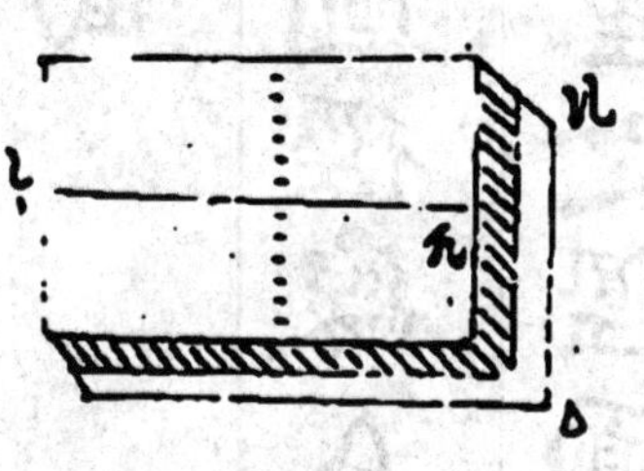

有重體不論正斜皆有徑線從徑線分破其側面即為重之徑面

假如上圓圖徑線ㄙℓ從徑線開之即作兩半球半球平面即重之徑面也又如上方圓ㄟㄙㄦ為外周徑線分之則兩半方形其分開之內兩平面即重之徑面也如從ㄣㄚ㐅徑線開之則兩側面即重之徑面也因徑面常過重心所以兩分相等

第十二款

第十三款

有三角形從角至對線於中作一直線直線內有重之心

假如從α角至ℓι對線作一直線於ᐃ分兩平分必定ㄙᐃ之內有重心也ℓ至ιι亦然

有三角形其重心與形心同所

假如上三角形α為形心亦為重心

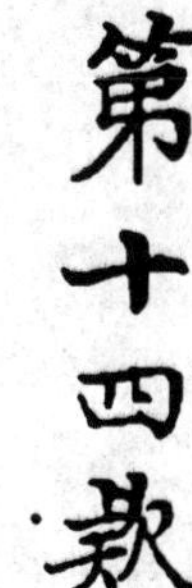

第十四款

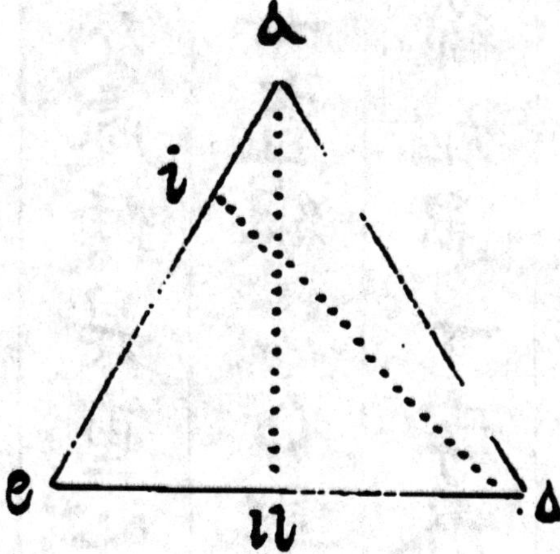

求三角形重心

法曰有三角形各分兩分起線各至角為一直線相遇十字交處便是重心假如上△與巳中分有之之至△為一直線次乙與巳中分有儿儿至△為一直線兩直線相遇十字於心即得所求

第十五款

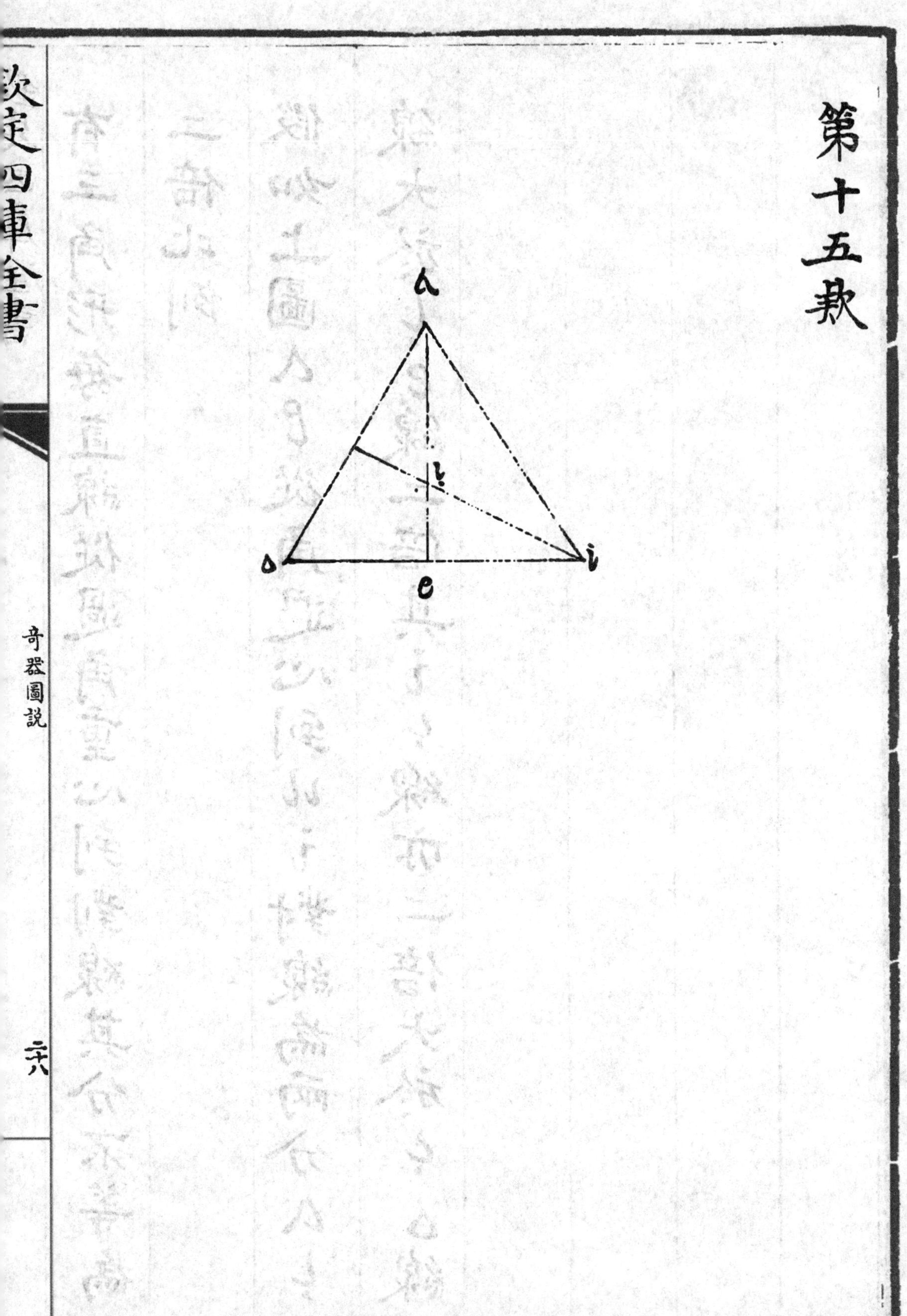

有三角形每直線從過角重心到對線其分不等為二倍比例

假如上圖ㄙℓ從角過心到ㄦㄟ對線為兩分ㄙㄣ線大於ㄣℓ線二倍其ㄟㄣ線亦二倍大於ㄣㄙ線

第十六款

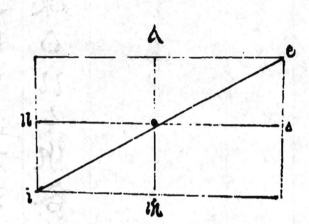

有法四邊形其重心分兩平為徑

假如上圖四邊有法長方形其重心是乙其徑闕之為一線〇以乙丙各一線各線每徑長短不同俱兩平分

第十七款

有法多邊形其重心形心同所

假如上六角形其角等其邊亦等是名有法多邊其重心與形心總是一心

第十八款

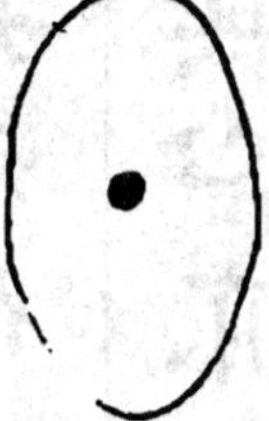

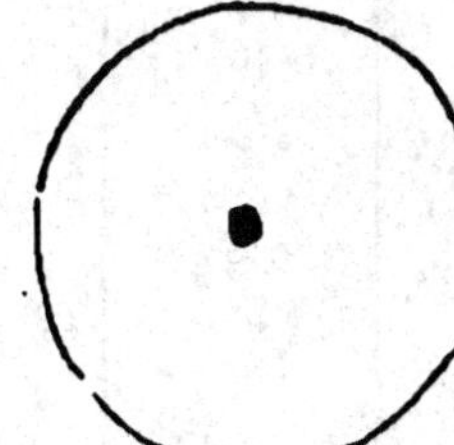

平圜與雞子圜形其重心形心亦同所

圜界與多邊形相似故其心皆同其雞心形與平圜

形亦相似故其心亦同

第十九款

求直線平形之重心

假如上無法四邊形先分作兩三角形從對角打兩垂線到分線上亼與巳分既成兩三角形用前十四款求三角形重心法即得乚厶兩心乚與厶作直線次用比例法乚乙大垂線亢與卜卜小垂線比例等於乚巳與巳厶此例巳乃所求之重心也

第二十款

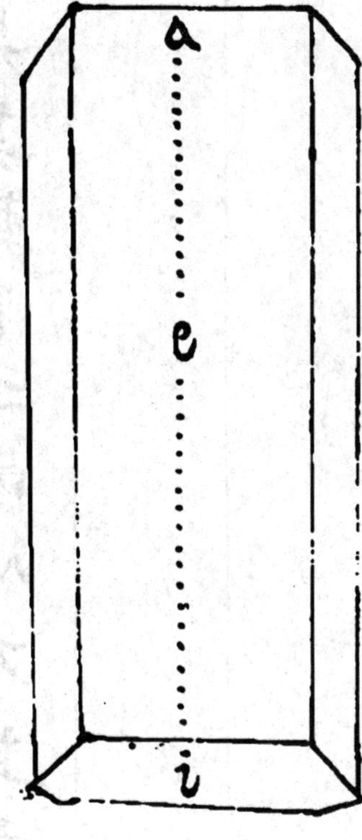
a
e
i

每多稜有法柱其重心在内徑中

假如上曰方六稜柱其重心在方徑内心a e l為内徑就是其輪b之内心乃其重心也

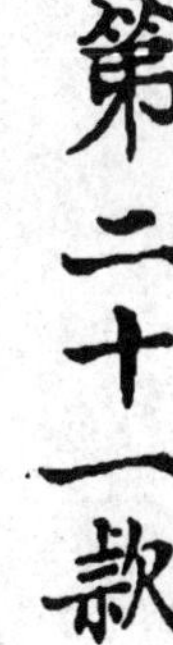
第二十一款

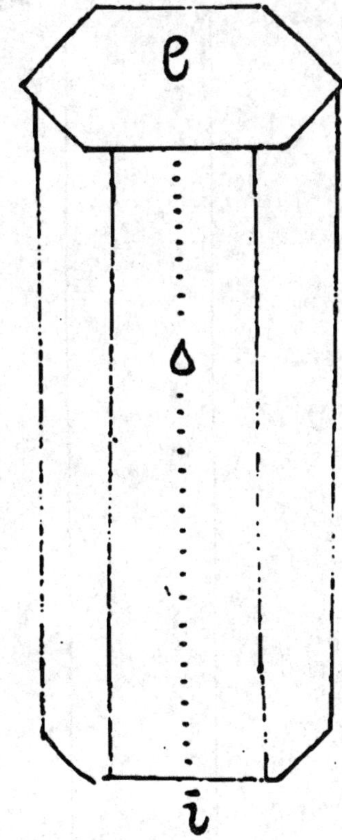
e
i

每多稜有法體其重心形心俱同所

假如上八稜有法柱亾乙是其内柚乙即其重心

形心是也

第二十二款

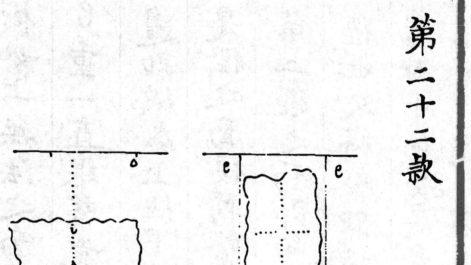

有體求其重心

假如上無法之面欲求重心先於上作平線繫△次於ℓ重一直線緊靠一邊又次於ì亦作一線線緊靠一邊即從△上往下以墨直點作線ℓ至△ì至儿兩線是徑之面復轉繫體再如ℓ△ì儿作兩線如前就得第二徑之面即向上端下端看兩線十字交處即得重之徑也又將繫體橫轉從ㄣ處繫於△上求徑線至沉亦向十字交處看之則得L是重心也

第二十三款

每重不在其所則必下俯地心作正垂線天下之物各有本所物之性各各喜得本所每物不在其所則必與性相反且别物得以攻之故各就本所乃各物之所喜向也假如火本炎上使之入水則非本所便就滅息重之性下水土其本所也且物性直捷重之垂下不作迂曲況天下之物性最巧直線之途必短迂曲之線其途甚長物喜短捷之便故不肯拂性而迂曲也

第二十四欵

每體重之更重必在重之心

假如重物長短厚薄方圓為體不一而每體必有更重者為重之心譬人身之内有心一家之内有長為一體中之主故也

第二十五款

重下墜其心常在乗線

如上圖三角形心墜下必在直線不然必左傾右倒不能直下矣所以重物在空更重者雖在上亦必先轉向下

第二十六款

有重繫空或髙或低其重常等

如上圖或在ム在乙在ム其重之斤兩常等

第二十七款

每垂線相距似常相等

每重垂線引長必到地心所以每垂線之末必與地心相合前第三款之圖已明此垂線非平行線也但如後旁圖長短四樣三角形最近則兩直線之尖相合亦最大最遠則直直線之尖相合最小而直線初分衹覺其平行不見其末之相合故以為相距似也

以上止明一重之理今又以兩重相比言之

第二十八款

每重徑面分兩平分

兩平分者既從重心之徑而分自然兩重相等為兩平分也

第二十九款

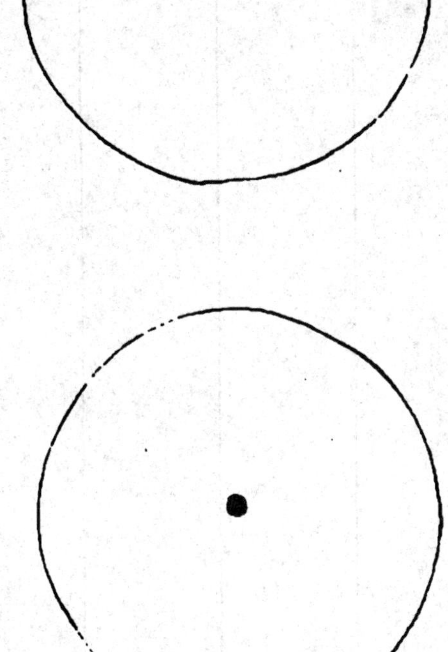

有兩體其重等其容亦等為同類之重

假如上兩圓球其體俱是鉛其大等其重自等所以名為同類之重

第三十款

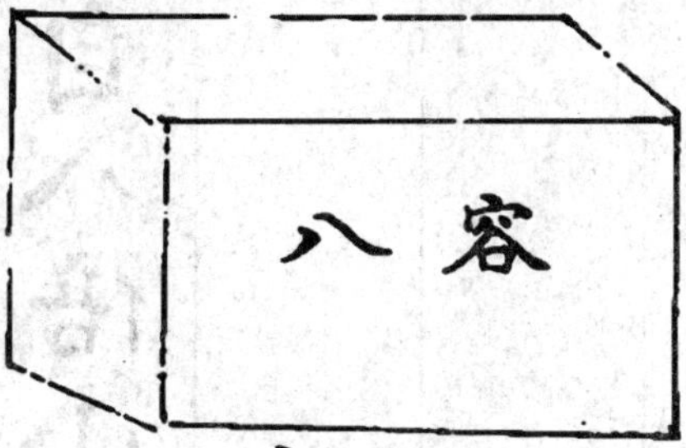

容八

十六斤

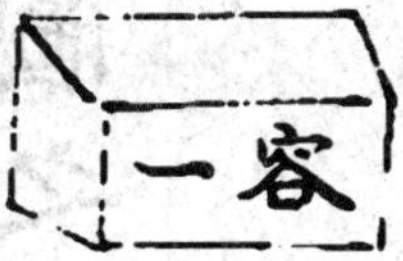

容一

二斤

同類之重有重容之比例等

假如上大方圖八倍於小方圖其重為十六斤則小方圖之容自八倍小於大方圖之容其重當為二斤也

第三十一款

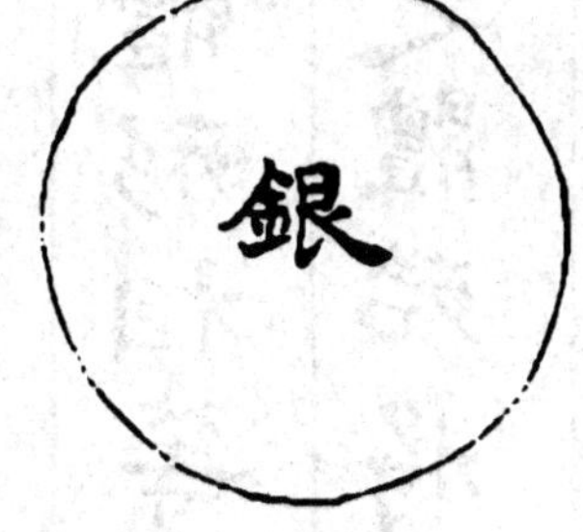

有兩重其容等其重不等爲異類之重

假如上有兩體形相等但一是金一是銀其重自不相等何也金之體殆將二倍於銀所以名爲異類之重或問金何以重於銀將近二倍也曰金之體最密而稠試觀作金箔者一兩金可作數萬張銀則不及故耳

第三十二欵

重之類有二曰乾曰溼

乾如金石土木之類不流者是溼如水油酒漿或銀

水之類但能流者是

第三十三款

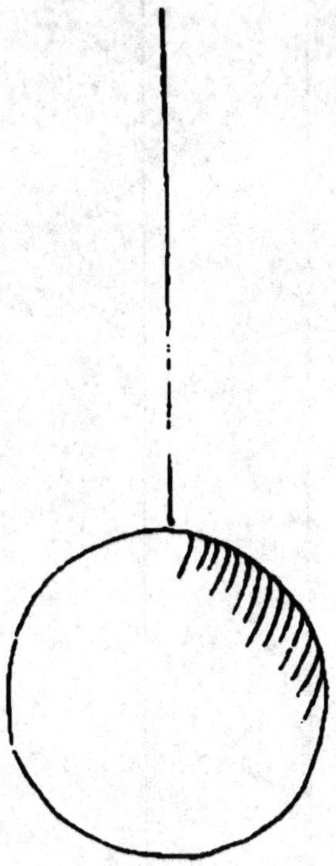

每乾重繫於直線而想直線有兩德一無重一不破想者未有直線而先有無形直線之想也故無重故不破

第三十四款

有重挿於直線或在上或在下但在垂線中者不動不則必動而轉下

假如上圖乙為直線不動之一端重在丙是正在垂線之上而居中者也不動重在乙是正在垂線之下而居中者也不動或乙或以則必動而轉下作圖脉線

第三十五欵

水搏不得

假如有銅球於此水已滿其中矣欲再强加别水必不得雖銅球分裂亦必不能再加何也水體最宻最稠再搏不去故也

第三十六款

水面平

水隨地流地爲大圓水附於地其面亦圓

前第二䂂已言之矣而兹復云水面平者何蓋大圓不見其圓祇見其長故亦祇見其平面耳

假如地平之上有低凹處四周水來必滿凹處與地相平而後流焉故水隨地而圓亦隨地而平也

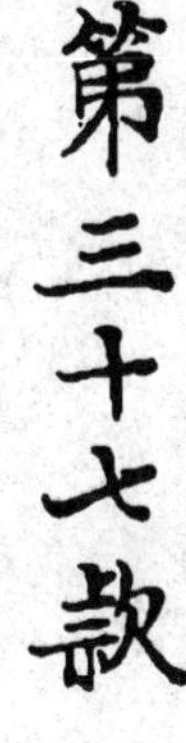

第三十七款

有水在器被迫則必旁去

其所以然已見三十五欵水搏不得之下此又明其

一所不容兩體故他體一入此體被迫而必旁溢去

也

第三十八欵

天下水皆同類

江河溪海水性無不同者但水之鹹者則其體微為重耳

第三十九款

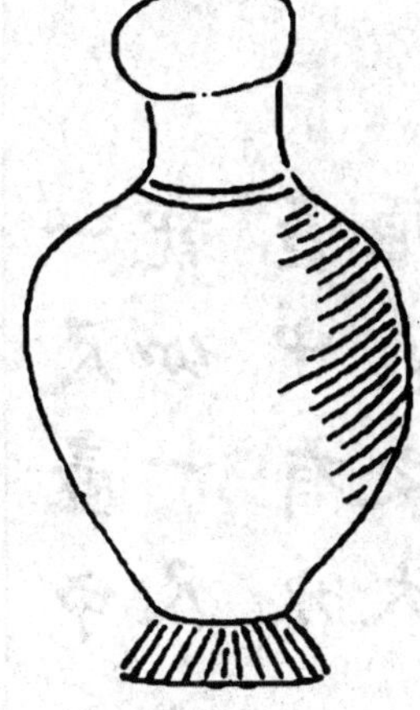

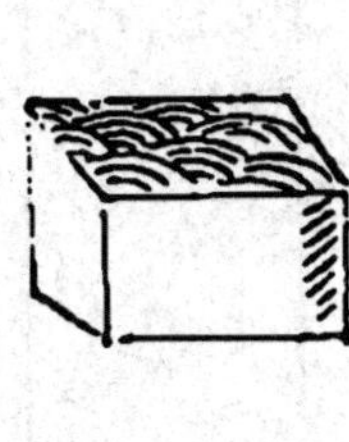

有水之重求其大

假如壺中有水下三斤不知其大為幾斗或幾升或幾合也

法曰一尺立方容水六十五斤今用三率法

一　六十五斤　一尺壺中容水

二　十寸　就如一尺之容

三　十三斤　壺中有水

四　二寸　原壺之大

第四十款

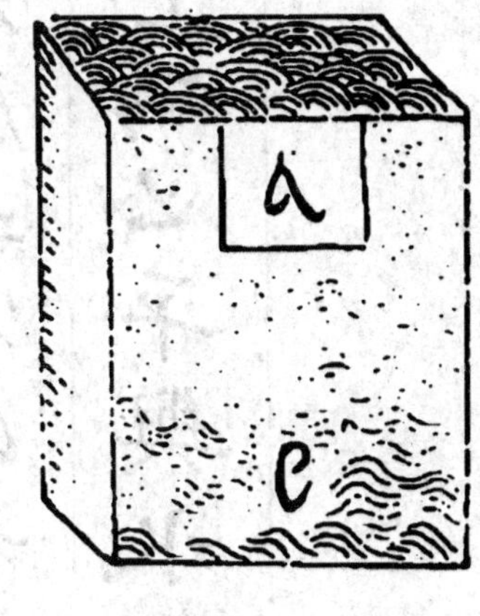

有定體其本重與水重等則其在水不浮不沈上端與水面準

如上圖巳為水庫之容乙為定體之重定體與水重既等則定體上端必平與水面相準也

第四十一款

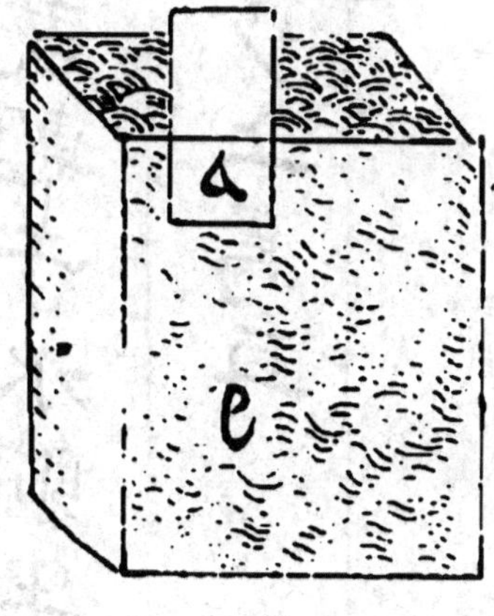

有定體其本重輕于水則其在水不全沈一在水面之上一在水面之下如上圖C為水庫之容A為定體之重定體既輕于水則半沈半浮蓋因水更重所以驅定體而少上焉耳

第四十二款

有定體其本重重于水則其在水必沈至底而後止

如上圖自明或有乾板薄而寬大或是金或是鉛但

平平徐置水面則亦不沈何也薄而寬大則板上之

氣與板體相合氣與水面相逼故雖金鉛本重而不

致沈也但有小隙上水則必沉矣

第四十三款

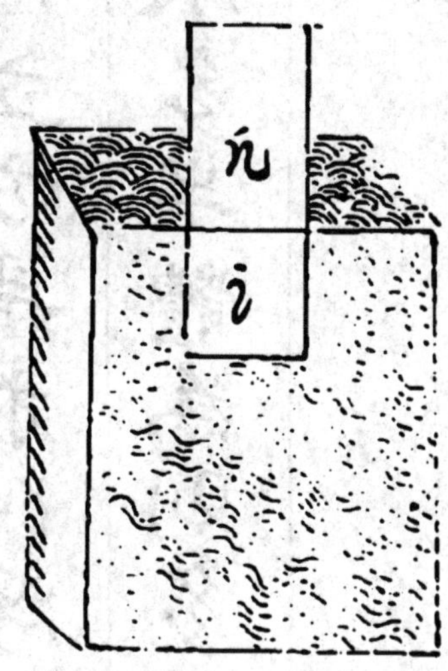

有定體本輕于水其全體之重與本體在水之内者所容水同重

假如上水内立方是木○浮水外○沈水内○○全重只以沈水多半體爲則多半體所占是水重即是本體重

第四十四款

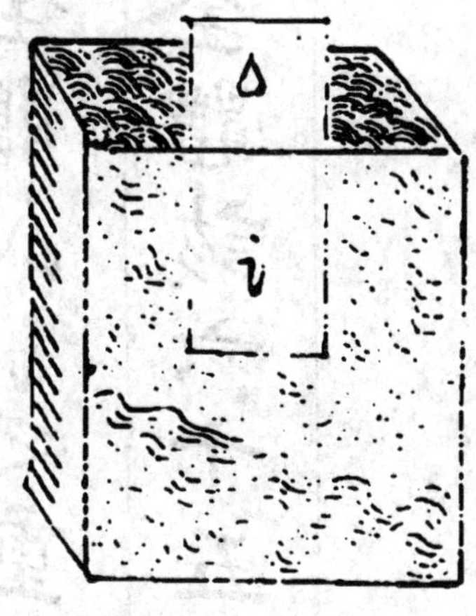

有定體在水即其沈入之大求其全體之重

假如ㄙㄟ是全體在水内外但知ㄟ在水内之容為一萬尺求其全體ㄙㄟ之重用三率法一尺容當六十五斤則知全體該六十五萬斤重也

第四十五款

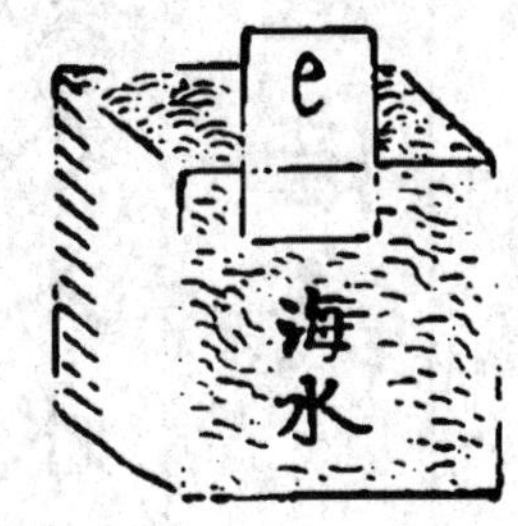

兩水或重或輕有兩體同類相等其重水與輕水之比例即兩體沈多沈少相反之比例

假如一是海水一是河水海水自重于河水但看上兩體俱同而乙沈入之多與丙沈入之少則輕重之比例見矣如乙入水視丙之入水為二倍則海水必重于河水二倍矣

第四十六款

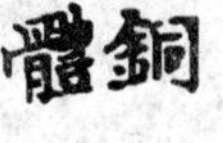

十四兩

凝體在水輕於在空視所占之水多少即其所減之輕多少

假如上空中立方銅體重十六兩即以同大有水立方銅體十六減二輕於在空之體為十四兩重也

第四十七款

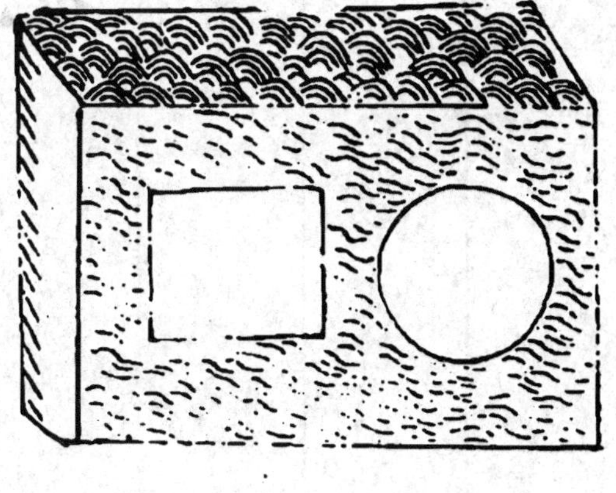

兩體同類同重但不同形在水其重恒等

假如上圓球與立方其體皆銅其重皆兩則其沈水之重常相等也

第四十八款

有兩體其大等但一是凝體一是流體己有凝重求流重

假如有鉛球二十三斤水球等於鉛球該重若干

法曰將鉛球以馬尾線繫於天平一端沈之水中於天平一端加權度至平準而止則鉛球止得二十一斤以二十三斤在空之重減在水之重二十一留二斤即為水球之重也其證見前四十六欵

第四十九款

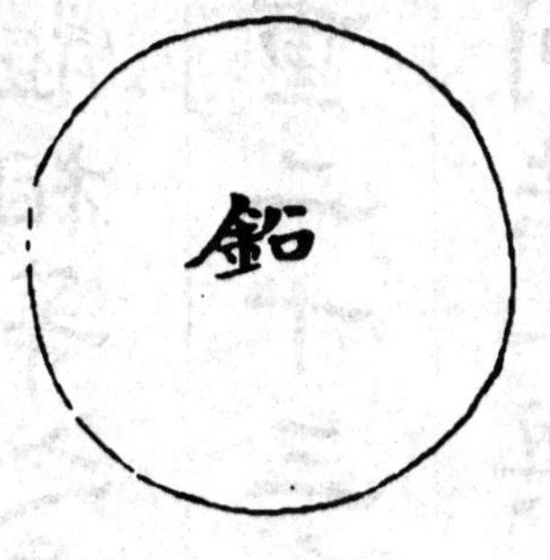

有凝體流體相等已有流重求凝重假如流體是水為一百斤求鉛體相等之重

法曰將鉛體其重二十三斤用水與鉛體同等其重得二斤就用比例法二與二十三比例即為一百與一千一百五十斤比例則得鉛體之重一千一百五十斤

第五十款

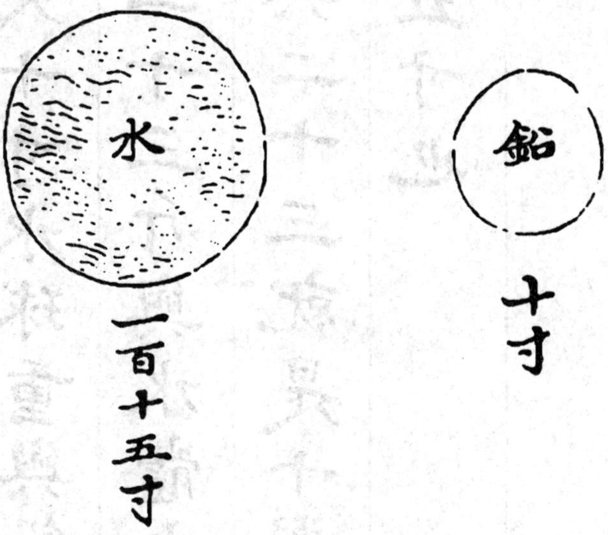

鉛

十寸

水

一百十五寸

有凝流兩體之重相等已有凝容求流容

假如有鉛球大十寸水球重與鉛球等求其大若干

法曰將鉛體二十三斤與水體大等得水重二斤就用比例法二與二十三就是十與一百十五比例得流容一百十五寸也

第五十一款

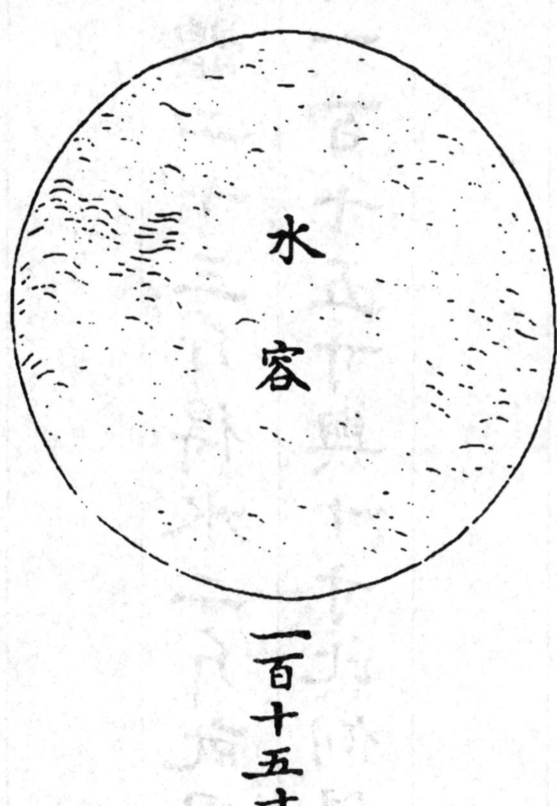

一百十五寸

有凝流兩體之重相等已有流容求凝容

假如水容爲一百十五寸鉛重與水容同大求鉛容若干

法曰將鉛體二十三斤得水二斤就用比例法二十三與二爲一百十五寸與十寸比例得鉛容十寸也

第五十二款

一千一百五十斤

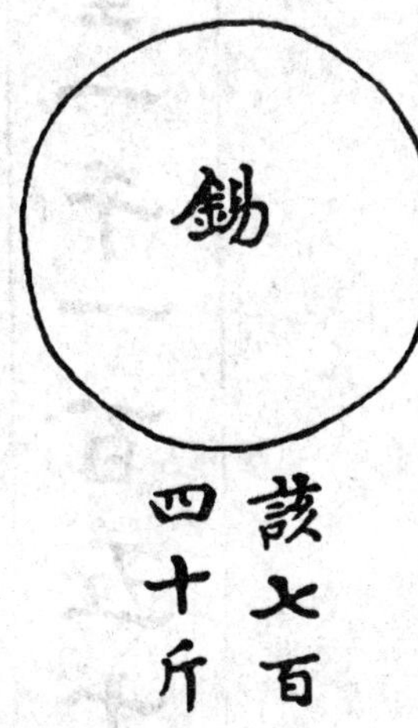

該七百四十斤

有兩凝體相等已有彼重求此重

假如鉛球其重一千一百五十斤其錫球同等之重若干

法曰將鉛錫兩體同重者相較又將兩水體重相等於鉛一箇等於錫一球水重七十四斤一球水重一百十五斤用比例法一百十五與七十四為一千一百五十與七百四十斤比例就得錫體之重七百四十斤也

第五十三款

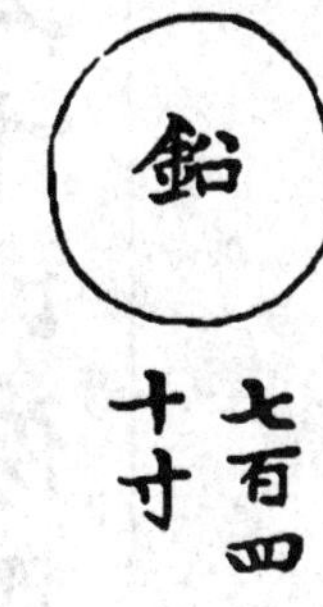

兩凝體重相等已有彼容求此容

假如鉛體容為七百四十寸錫體等重求容若干

法曰將鉛體重一百十五斤以錫體相等重得七十四斤用比例法七十四與一百十五比例為七百四十與一千一百五十比例則得錫容一千一百五十寸也

第五十四款

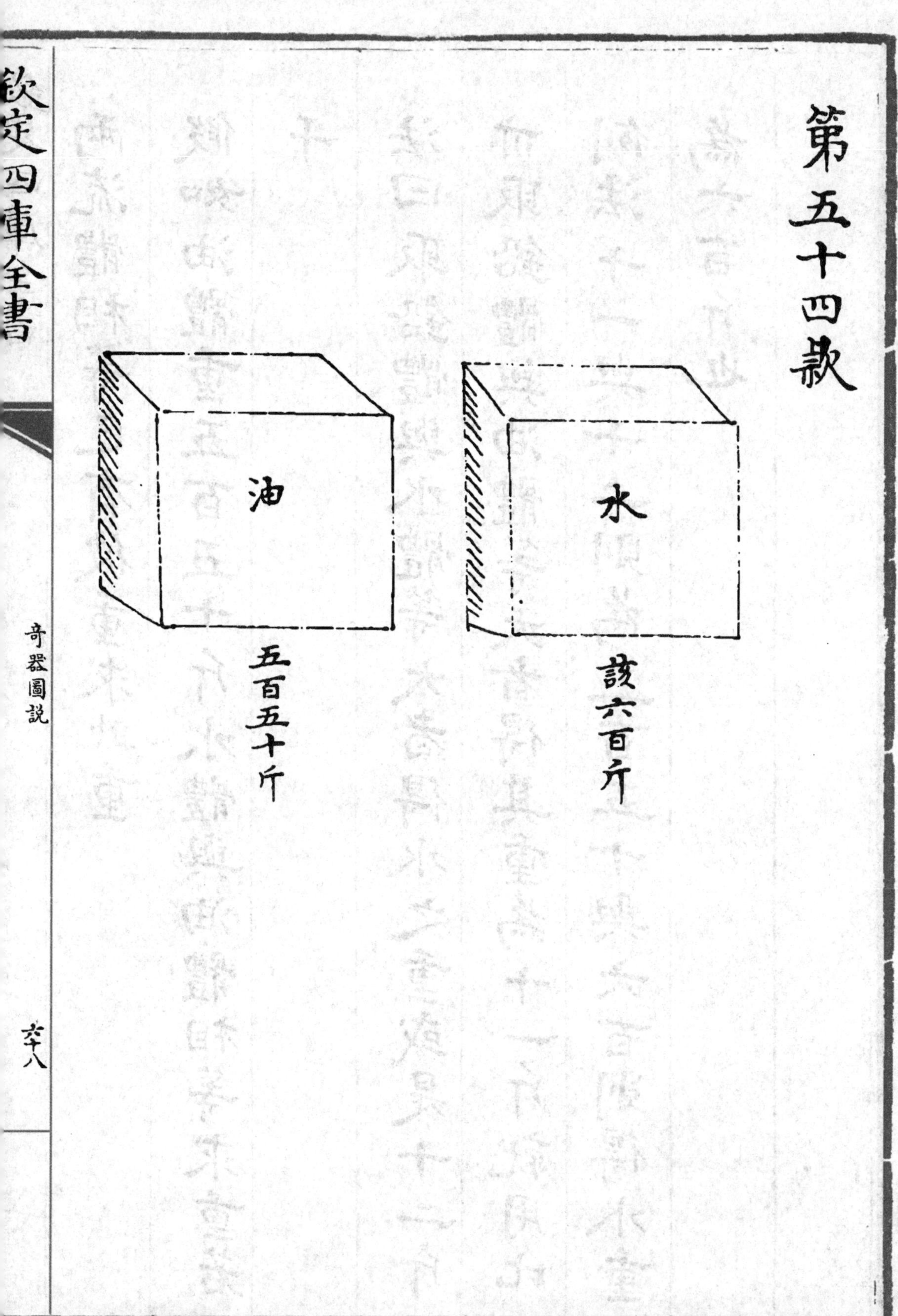

兩流體相等已有彼重求此重

假如油體重五百五十斤水體與油體相等求重若干

法曰取鉛體與水體等大者得水之重或是十二斤亦取鉛體與油體等大者得其重為十一斤就用比例法十一與十二則為五百五十與六百則得水重為六百斤也

第五十五款

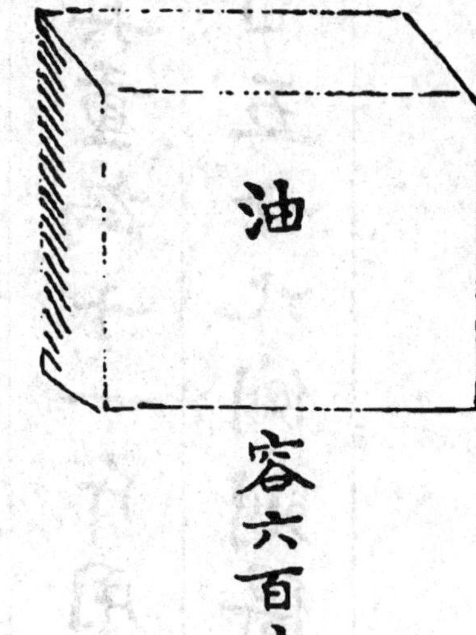

容六百寸

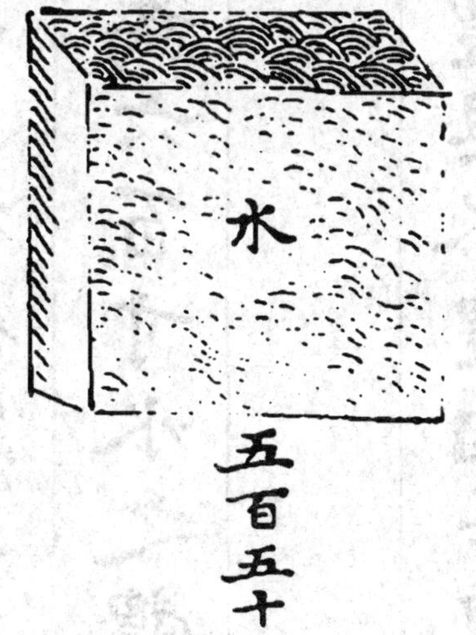

五百五十寸

兩流體相等已有彼容求此容

假如油容為六百寸水之體與油體同大求其容若干

法曰將鉛體與水體相等得水重十二斤將鉛體與油容等得其重為十一斤用比例法十二與十一為六百與五百五十比例則得水容為五百五十寸也

第五十六款

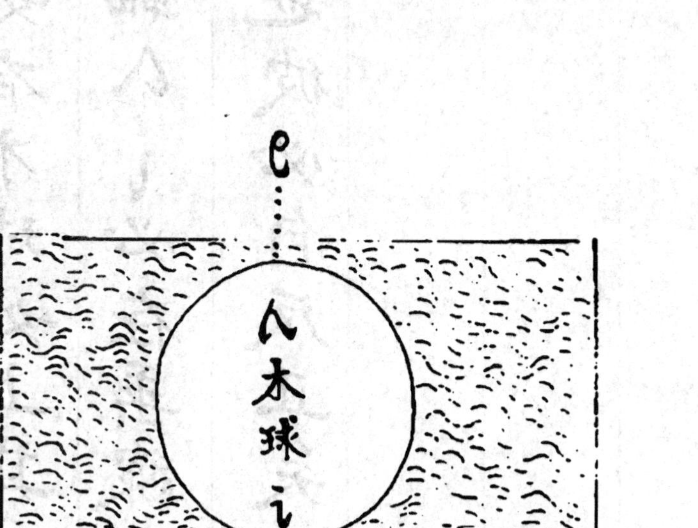

球分本輕浮於水其底在上球之軸必在垂線中

假如有木球如上其平底在水中必在上必不偏倚

其軸甲乙必在垂線之中如甲乙之在丙丙也儻强

斜也彼必自反正矣

第五十七款

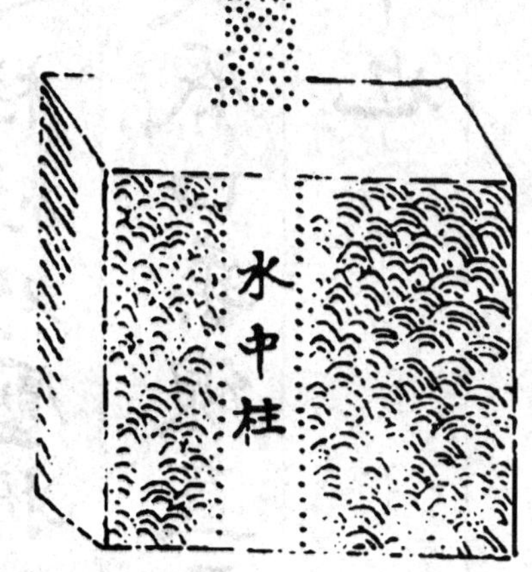

水力壓物其重止是水柱餘在旁多水皆非壓重

求水壓物重處止於所壓物底之平面求周圍垂線

於氷上面如水中之柱柱乃壓物之重如上水中柱

圖下面口底甚小從底口垂線直至上面中間水柱

為壓重餘水皆無干也

第五十八款

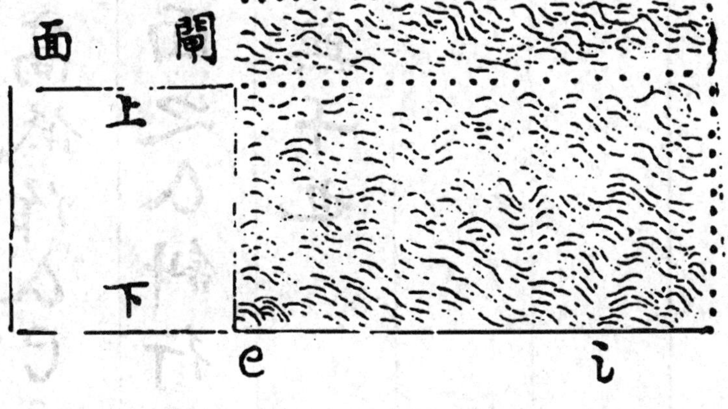

水來平衡於閘求其衡勢之重若何如上求水柱法止以所衡閘面高低作ㄅㄈ垂線垂線平行至ㄟ相等即從垂線上面之ㄅ斜行至ㄟ則是水衡半柱之重其餘多水俱無干也

第五十九款

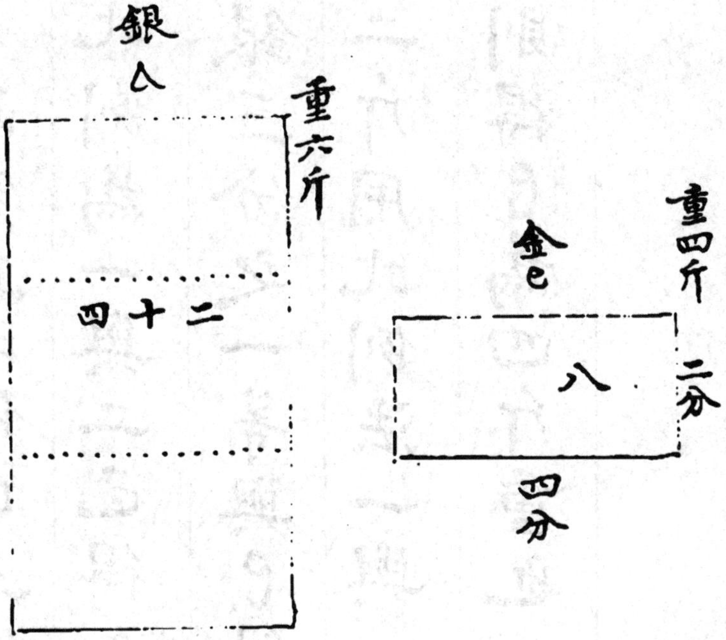

重四斤

金巳

八

二分

四分

重六斤

銀乙

四十二

有兩體容之比例本重之比例已有此重求彼重

假如甲乙兩容其比例甲三倍於乙本重甲為銀乙為金其比例為一與二已得甲重六斤求乙重若干

法曰以銀三分之一等與乙銀三分全為六斤三分之一為二斤用比例法一與二比例就是二斤與四斤比例則得乙為四斤重也

第六十款

一　三　為比率之大數

二　一　為比率之小數

三　二十四　為乙之所容之數

四　八　為匕之所求之容

有兩體已有本重之比例已有其重已有此容求彼容

假如ᐱ重六斤大二十四尺ᑕ重四斤其本重比例為

一與二分欲求ᑕ之大為若干

法曰先要ᐱᑕ所容之比率而後方可得ᑕ之所容其

六斤與四斤比率乘於ᐱᑕ本重之比率此比率乃是

一與二也則用又字架法乘之却不用正乘法也六與

二乘得十二其四與一乘得四所以新來之比率十二與四

即是約而為三倍之比率也所以ᐱ三倍於ᑕ今則三率法

第六十一款

有兩體已有其重已有其大之比率求本重之本率

假如此兩重為六與四其大比率為三倍要求銀與金之比率

法曰以兩所有之數用又字架相乘則兩者之比率為本重之比率六一相乘得六其四三相乘為十二所以有六與十二之比率約之則為二分之一也故銀體之輕與金體相比則自然差一半矣

欽定四庫全書

奇器圖說卷二

明　鄧玉函　撰

欵凡九十二

第一欵

凡近人器皿原多若人欲解此器皿之運重其釘與繩等物俱可用也但其本用則可助運重之便非可賜器用者也故不解說釘繩等物之理

輪

輪

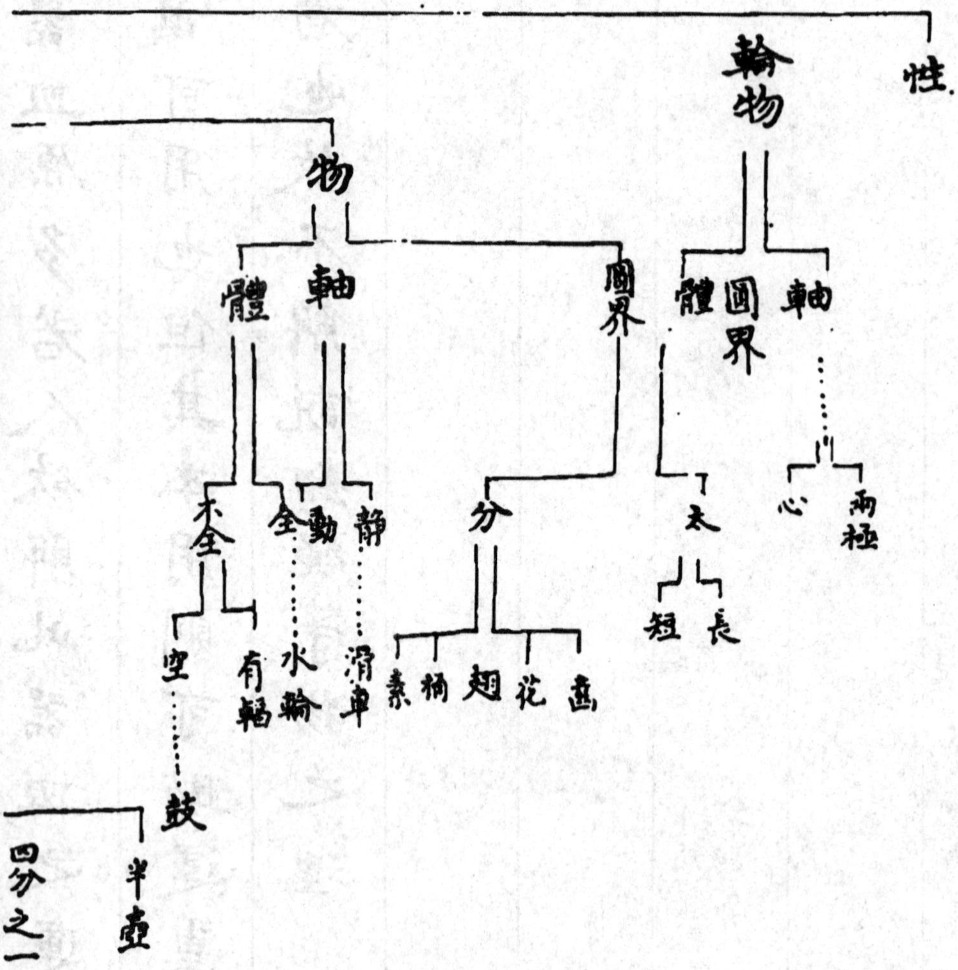

性 輪物

物

體 軸 圓界

不全 全 動 靜 分

空 有輻 水輪 滑車 素 桶 翅 花 齒

鼓

半壺 四分之一

體 圓界 軸

太 心 兩極

短 長

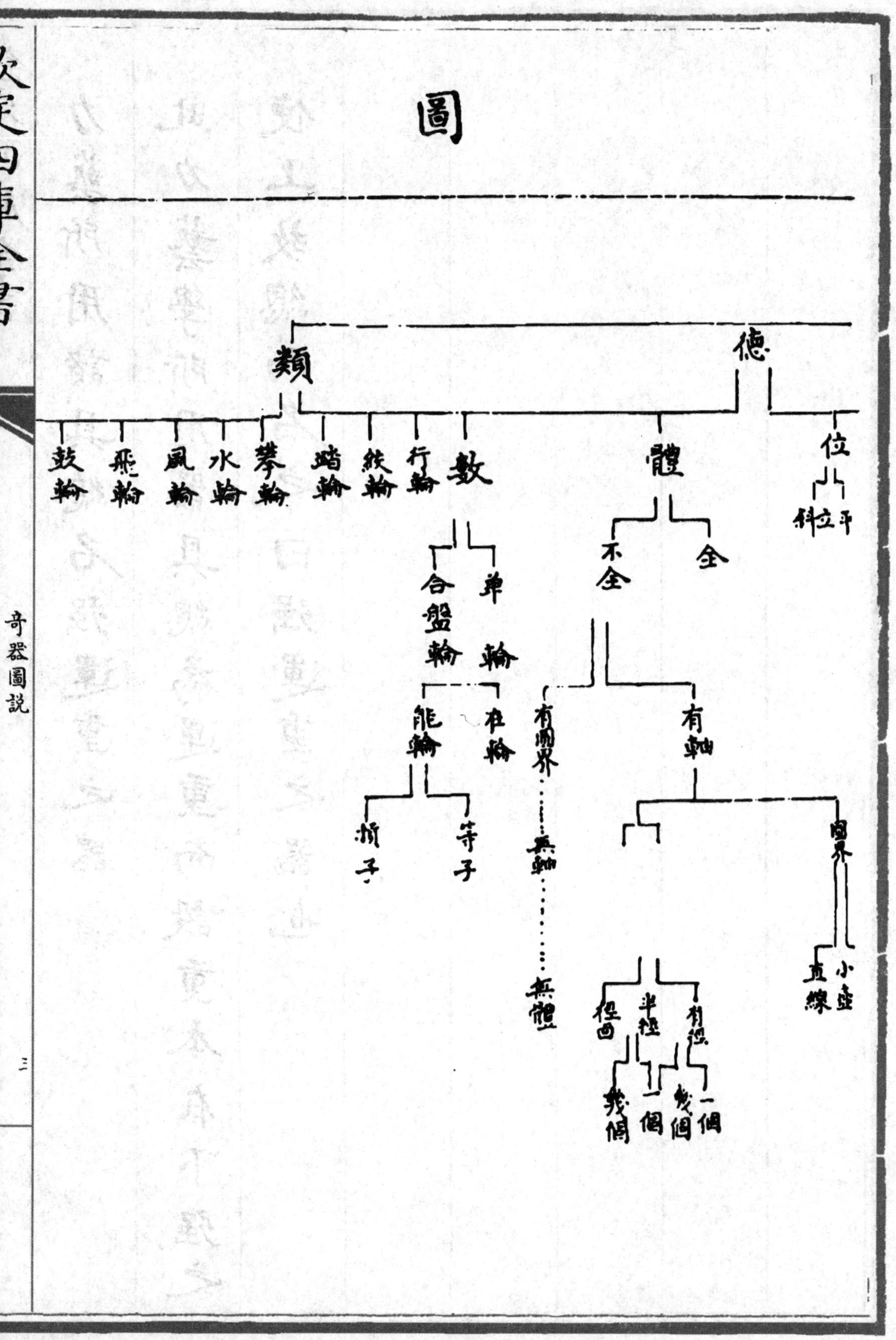
圖
德
類
位
平
立
斜
體
全
不全
有軸
有圈界
無軸
無體
圈界
直線
半徑
有徑
一個
幾個
數
單輪
合盤輪
能輪
等子
行輪
紋輪
踏輪
水輪
風輪
飛輪
鼓輪

力藝所用諸具總名强運重之器

此力藝學所用器具總為運重而設重本在下强之使上故總而名之曰强運重之器也

第二款

器之用有三一用小力運大重二凡一切人所難用力者用器為便三用物力水力風力以代人力

假如一重物百人方可運動而此器止以一人運之故為小力運大重也又若海船之內底有小隙日日漉水人如不取舟必沉矣故必用氣管探下取之則水從此管中取出而取桶杓所不能取者是器為用實便也其用物力水力風力以代人力諸器中有明

載者不贅

第三欵

器之質不一種大都用木用銅用鐵居多

木必用堅者如榆槐桑檀馬栗等木總之要有筋絲有横力不受變者為佳塗木時宜用核桃油或芝麻油菜油綿花油更妙不可用脂油也脂油性熱易燒木且易磨有聲耳鐵要練到銅則紅者為佳黄者性脆故耳

第四欵

器之模不一式一直線一輥圓一藤線

器有形象直線者杆槓柱梁之類是也輥圓者滑車輥木轆轤車輪之類是也藤線則螺絲龍尾等類

第五欵

器之能力最大最多然自不能用或止受人之力以得所求或必待人用之而後能力可顯

假如等子類受人金銀等物乃可以權輕重又如斧能劈木之能力顯矣每器之公者皆然

第六款

運重之器與所運之重各各相稱有比例

假如金銀少者可用等子權度多至千兩萬兩則等子不足用矣故必天平之大者方可權度之耳諸如此類比例各各有等難以盡述能者明者當自解之

第七款

器之能力最大者其用時必多

假如有石重萬斤百人運之止可一刻以一人用器運之則為時必待數刻而後可

第八款

器之總類有六一天平二等子三槓杆四滑車五輪六藤線

天平等子槓杆皆直線之類滑車輪皆輥圓之類藤線有類蛇盤皆螺絲龍尾之類上五者皆為權度之氣之象如以一端用手用力譬如等子小權下加手之圖則五者又皆運動之氣之象也藤線亦可權度但用以轉運其用更多故不設權云

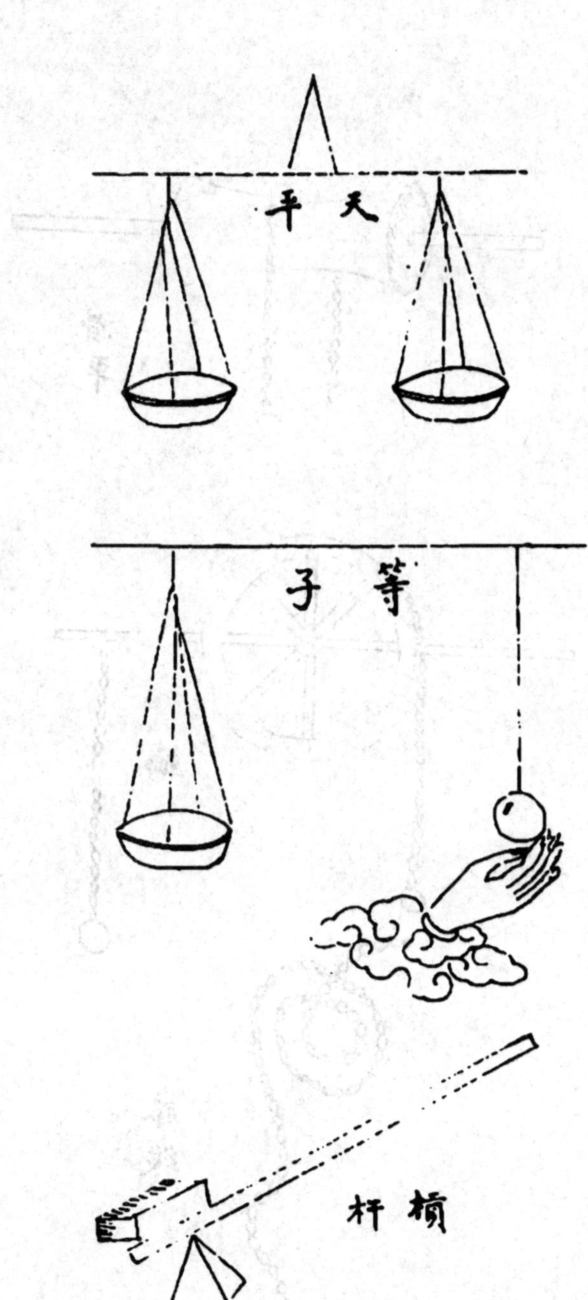
天平
等子
槓杆

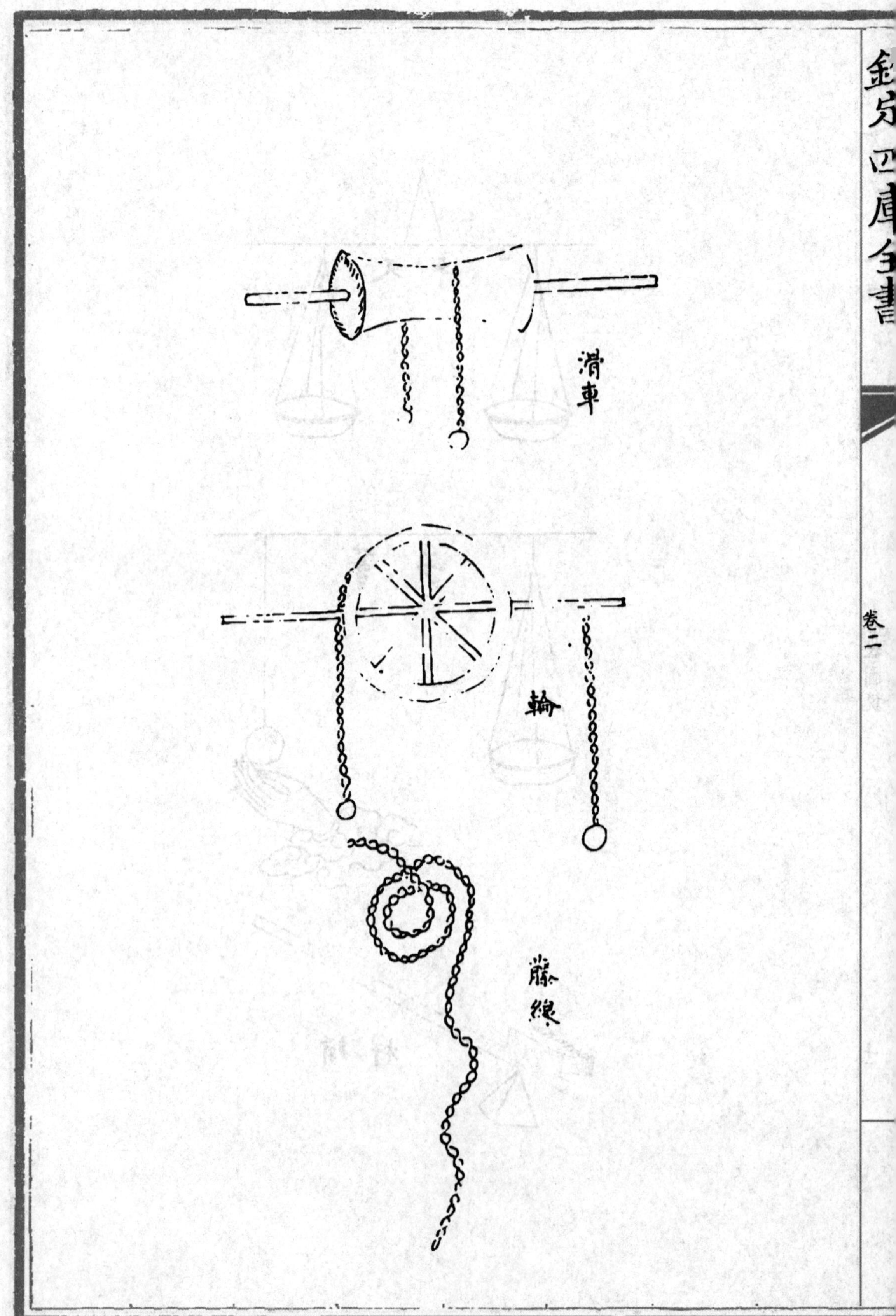
滑車
輪
藤線

天平解第九欵

垂準

斛

橫梁

天平之物有三横梁一指針一垂凖一

横梁分左右兩分其中曰心心連于梁而不動者也其左右兩盡頭處曰端指針者兩端平則指針垂線如一垂凖者重垂之線也平則凖但兩端畧輕畧重則指針必偏左徧右不凖矣

第十款

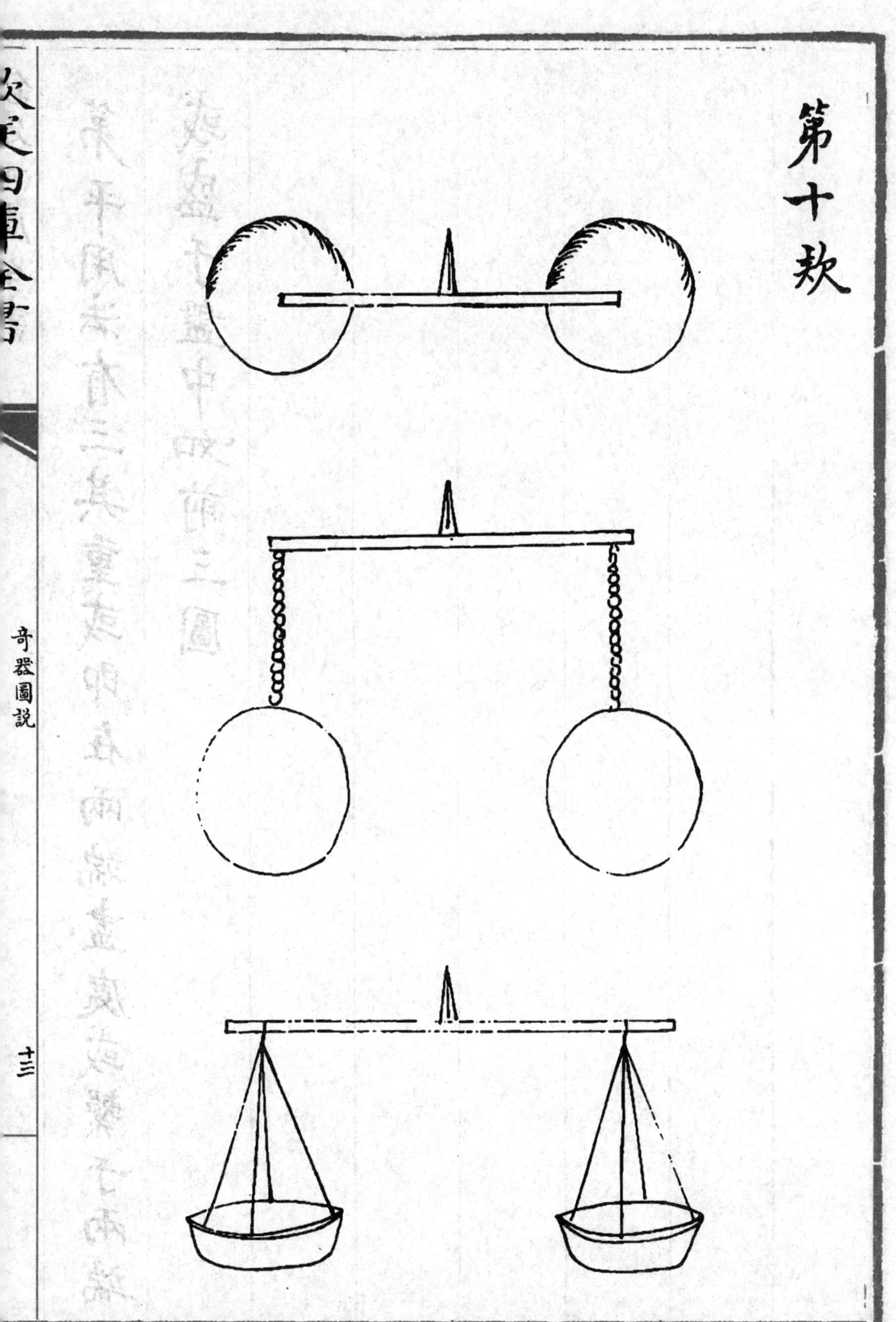

第平用法有三其重或即在兩端盡處或繫于兩端或盛于盤中如前三圖

第十一款

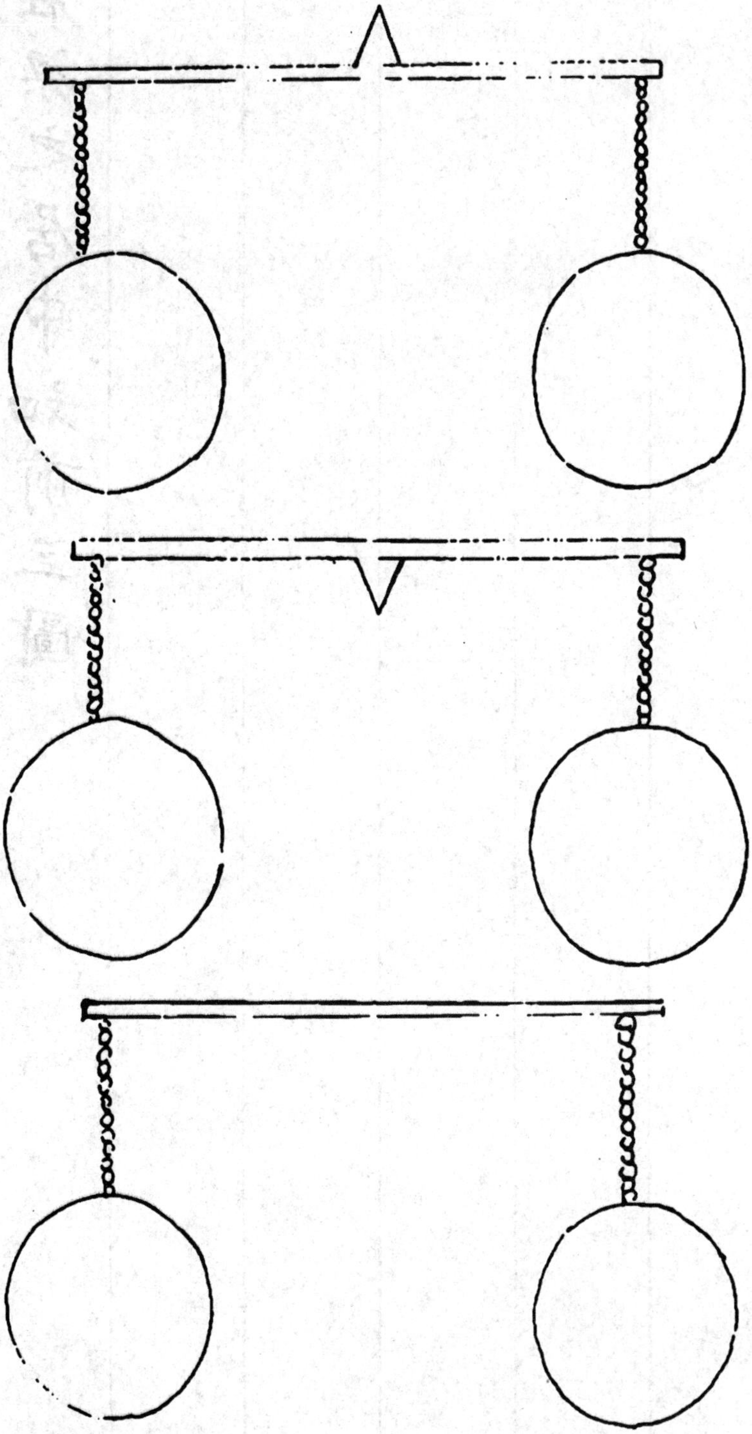

天平針心有三在或在梁之上邉或在梁之下邉或

在梁之居中如前三圖

第十二款

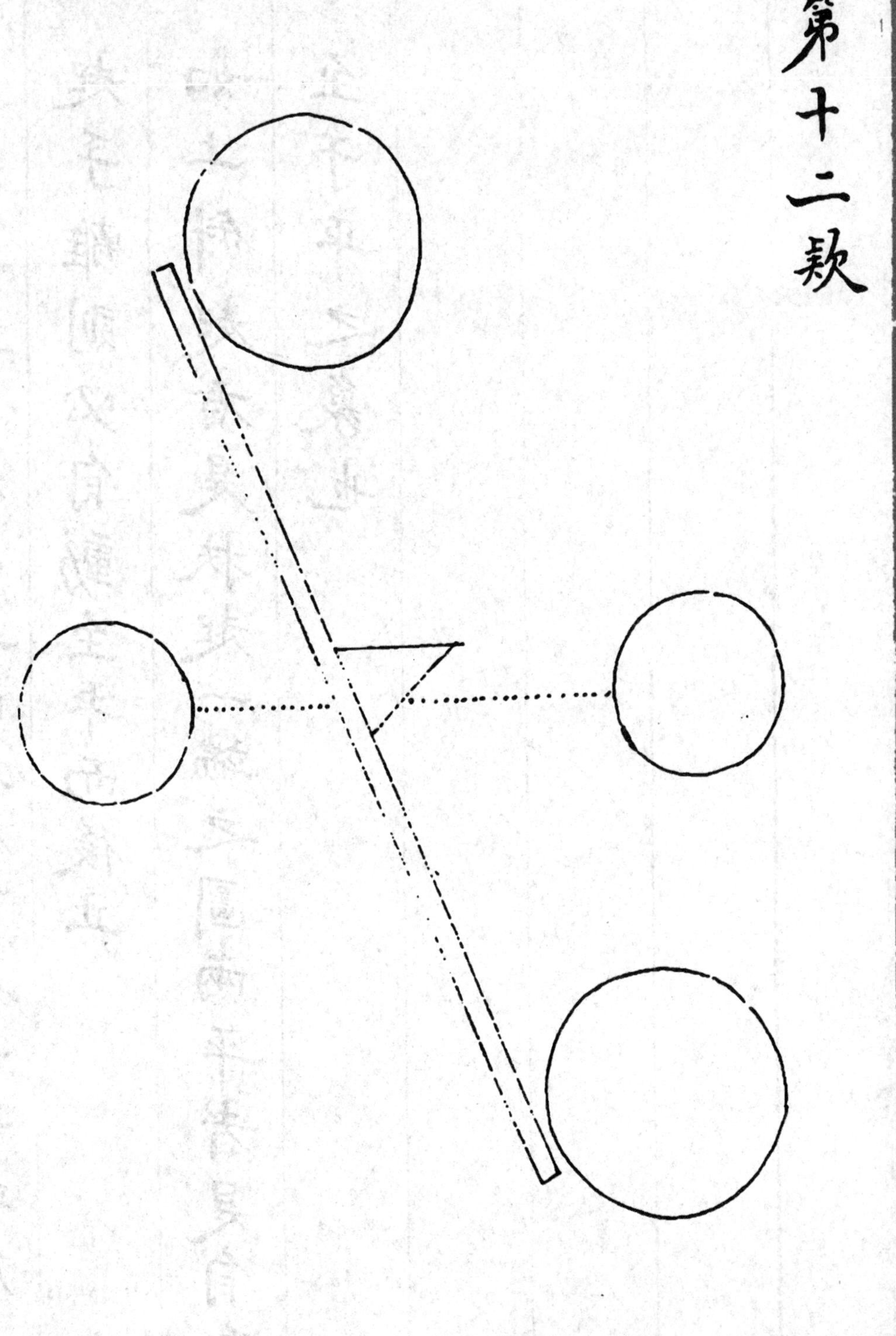

天平梁其心在上其兩端加重各等一端用手扶起手離則必自動至平而後止

如上斜起者是扶起一端之圖兩平者是自動必至于平之象也

第十三款

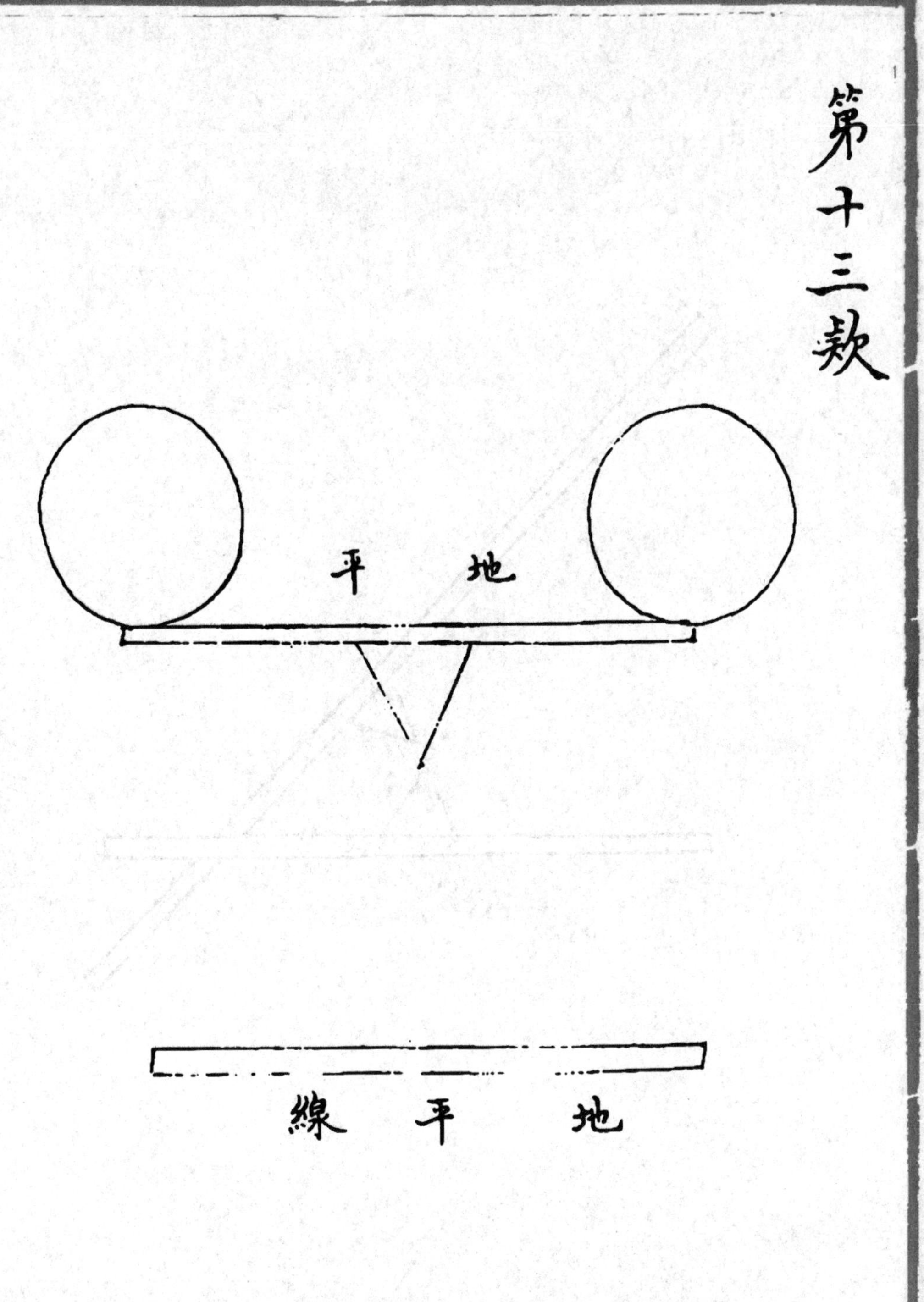

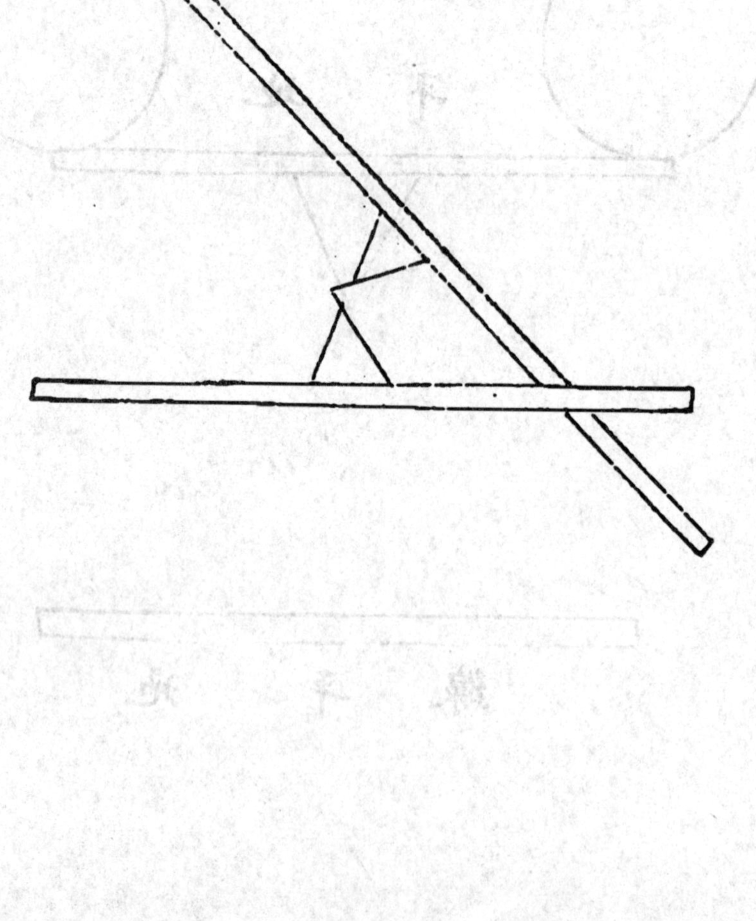

天平梁其心在下其兩端加重各等梁準地平則不動倘或一端斜起則斜下者必翻轉一過而後止如上第一圖有地平字者既與地平準則必翻轉一過針心必反而在上矣所以必反之者重之心在下故也

第十四款

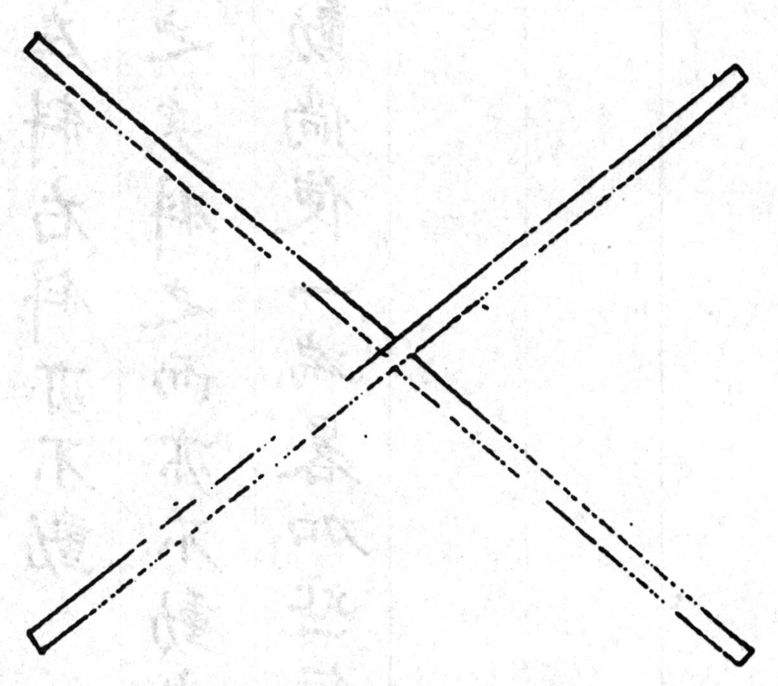

天平梁其心在中其兩端加重各等與地平準者固不動即或左斜右斜亦不動兩平不動人知之矣斜之而亦不動者何也因兩重相等故不動倘使一端畧加些須則動矣

第十五款

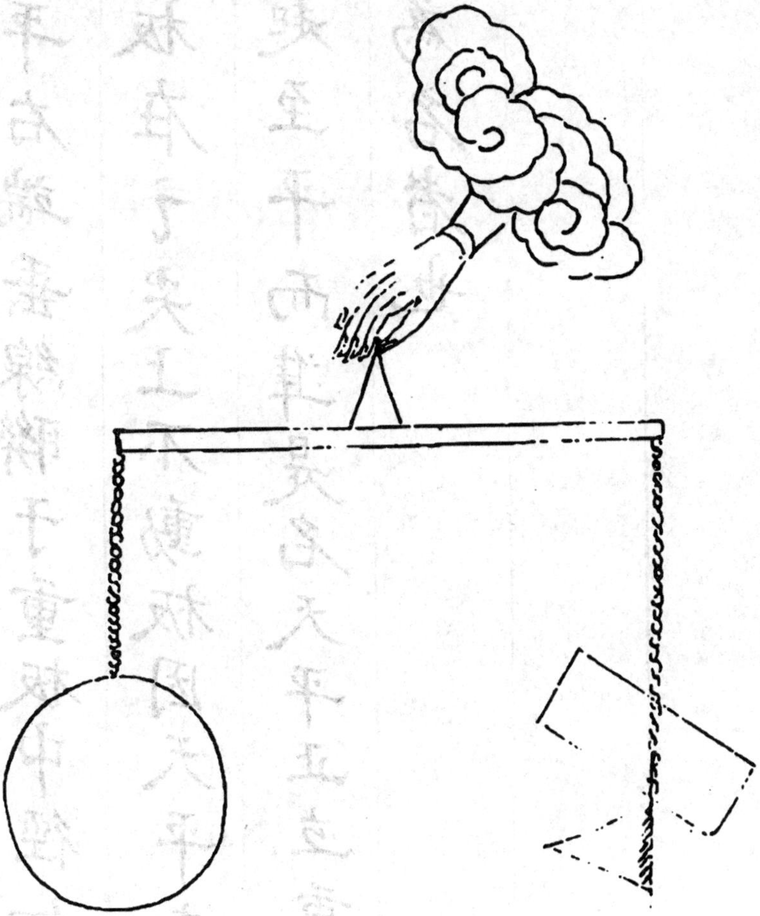

天平正立重

天平右端垂線聯于重板中徑如C。板下支角如之。板在之尖上不動板因天平在端加重則垂線自起至平而準是名天平正立重正立者因垂線而為名者也

等子解

第十六款

等子之物有二一橫梁一提繫

橫梁與天平之梁同但提繫不在中徽不同耳提繫者垂準之換體也

第十七款

四斤

一斤

梁與地平準則兩重名為準等

假如〇一片繫于右〇四片繫于左横梁平

兩重名為準等蓋別于相等之等也

第十八款

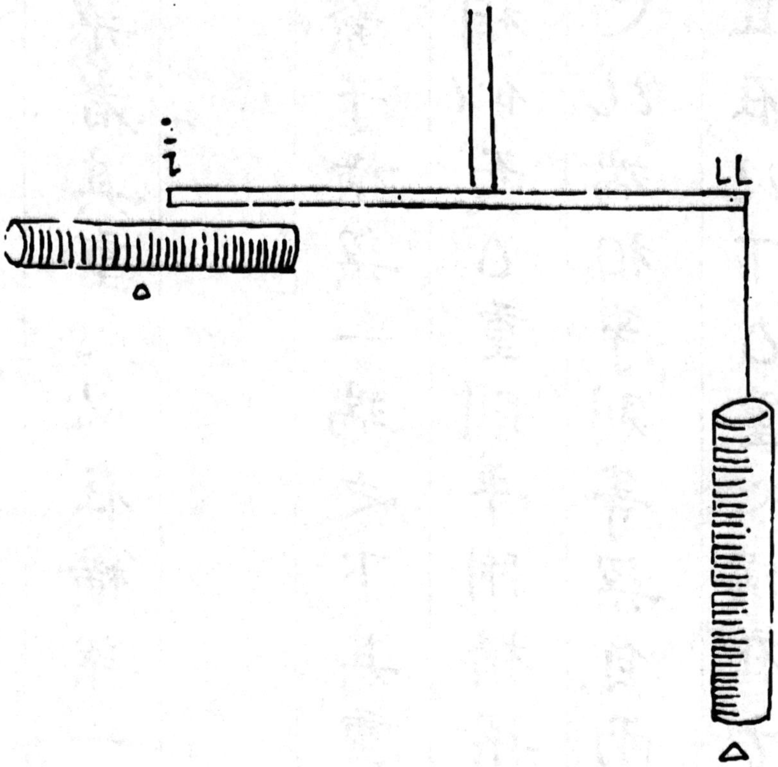

有兩重相等相似一繫橫梁一端之下一橫附于橫梁附橫梁者其重心必在橫梁一端盡處則橫梁平

假如a重繫于橫梁一端之下其重與o重等其形與o形相似而o重則平附橫梁其重心在iie端與eu端相等則等梁自兩平也所以然者a重心直在u下o重心橫在i下故必相準

第十九款

八斤

二斤

此欵乃重學之根本也諸法皆取用于此

有兩繫重是準等者其大重與小重之比例就為等梁長節與短節之比例又為互相比例

假如巳大重八斤與乙小重二斤為準等其比例為四倍則橫梁長節從提繫到乙為四分短節從提繫到讠但有一分其比例亦是四倍所以兩比例等其兩比例又是互相比例法

第二十欵

重在提繫長節一端愈遠愈重其垂下愈速

假如上△二斤其重乙八斤其梁愈長二斤則〇為十四斤矣

第二十一款

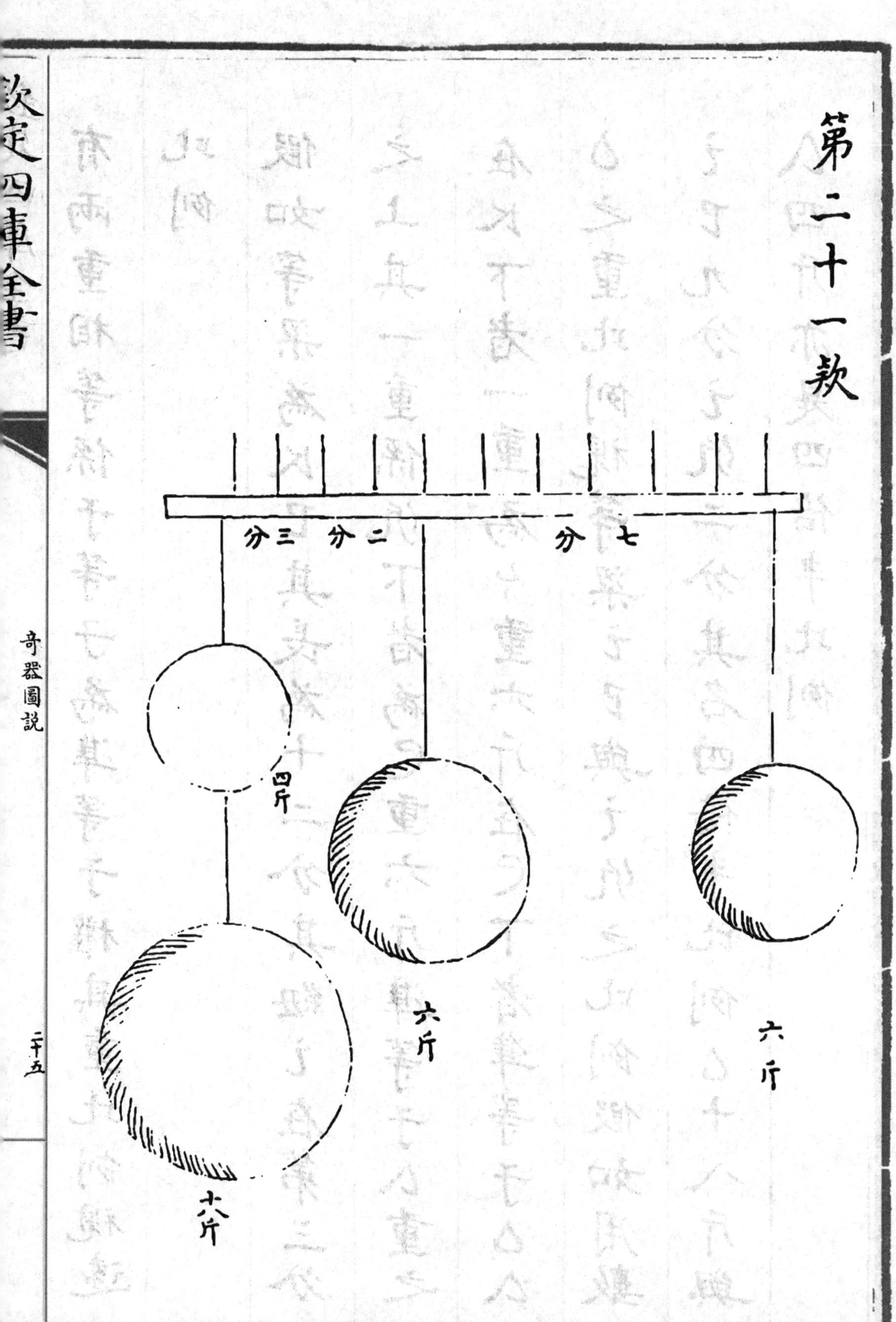

有兩重相等係于等子為準等于權其重比例視遠

比例

假如等梁為乚巳其長為十二分其紐乙在第三分之上其一重係仉下者為己重六斤準等于厶重之在乚下者一重為ㄣ重六斤在己下者準等于〇厶〇之重比例視等梁乙巳與乙仉之比例假如用數乙巳九分乙仉二分其名四倍半比例〇十八斤與厶四斤亦是四倍半比例

第二十二款

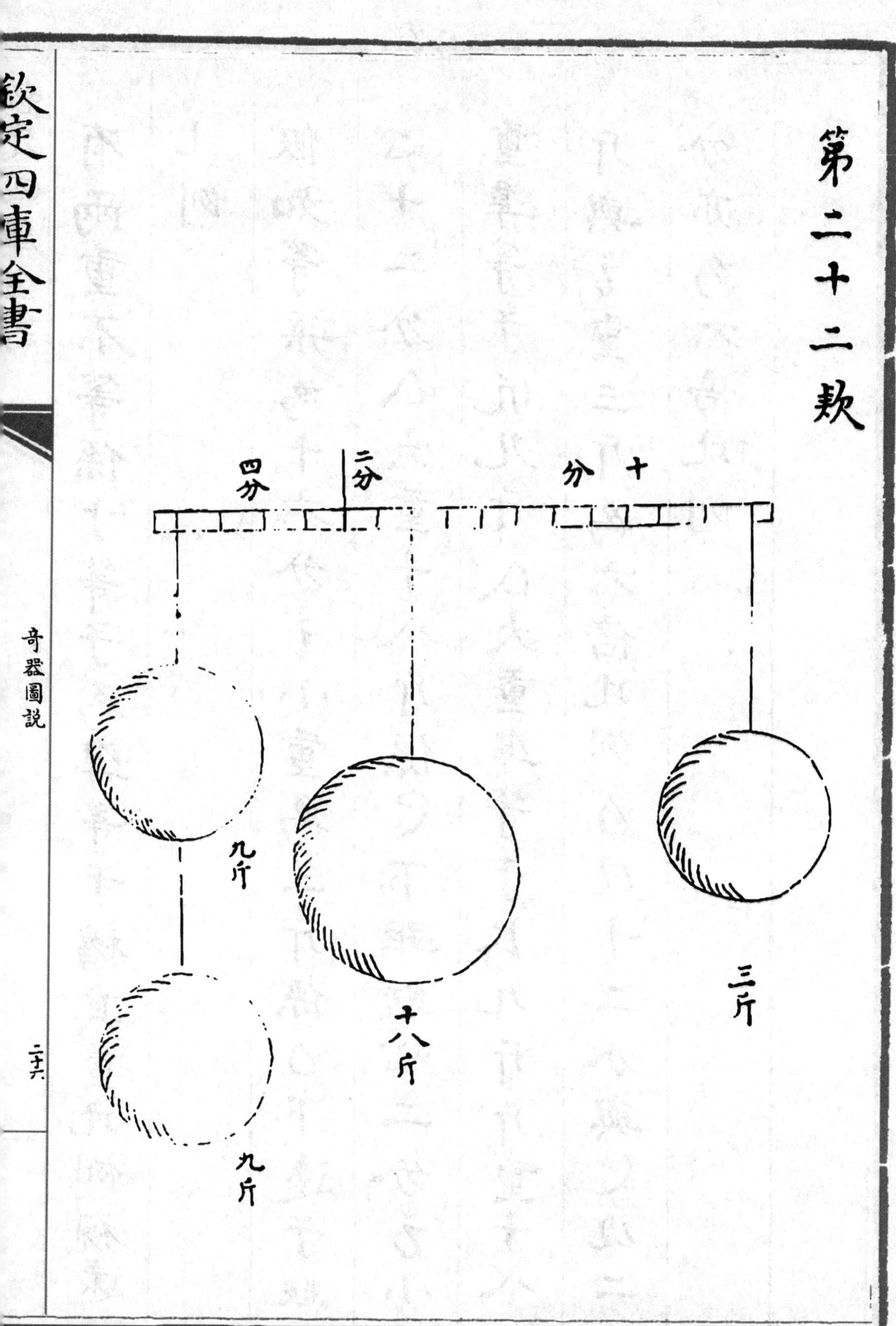

有兩重不等係于等子為準等于權其重比例視遠

比例

假如等梁為十六分之小重為三斤係厶下遠于紐心十二分乙大重十八斤係己下距紐心二分之小重準等于𠘧九斤乙大重準等于長九斤斤重十八斤與之重三斤為六倍比例厶以十二分與己以二分亦為六倍比例

第二十三款

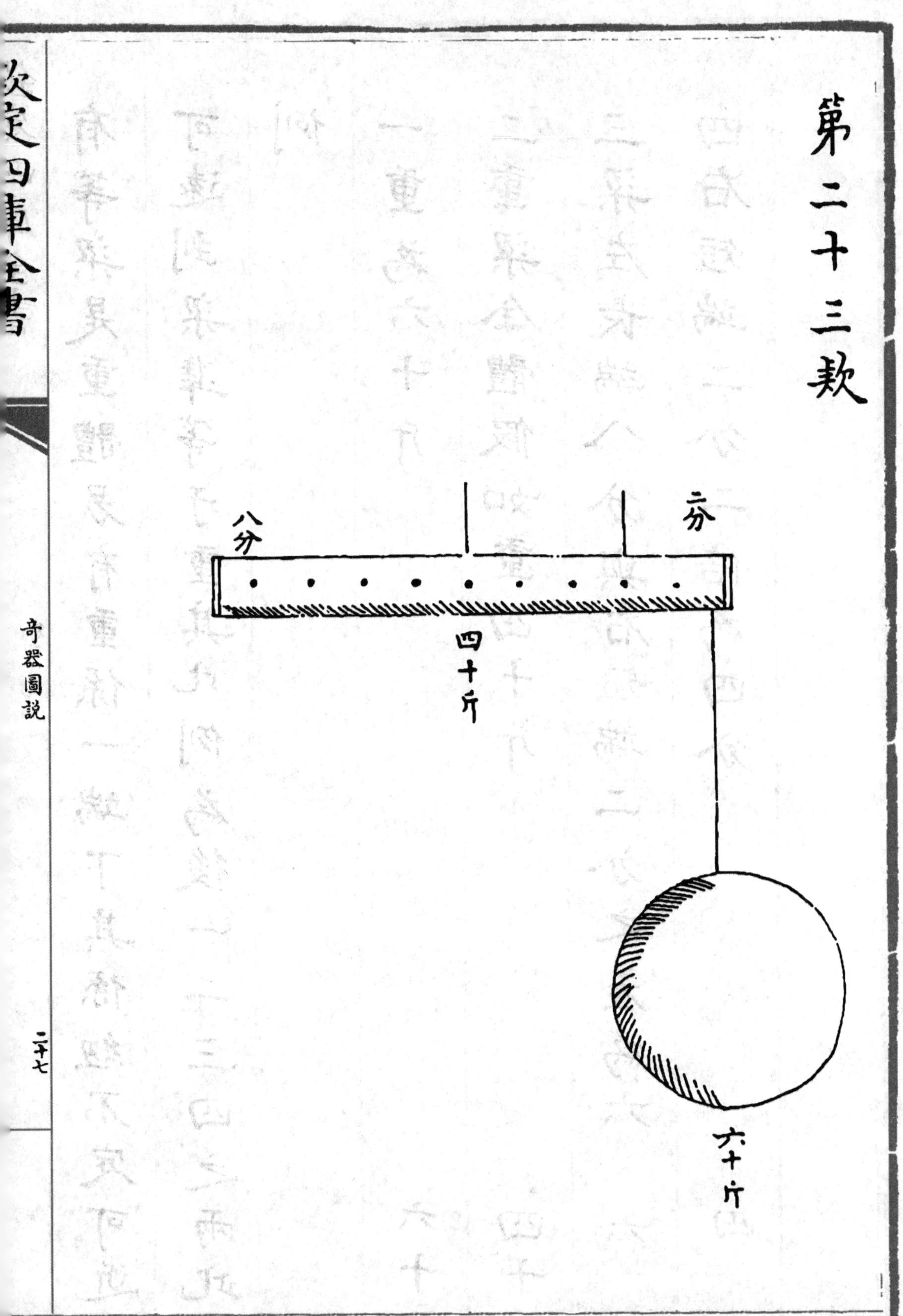

有等梁是重體另有重係一端下其係紐不定可近可遠到梁準等于重其比例為後一二三四之兩比例

一重為六十斤　六十

二重梁全體假如重四十斤　四十

三梁左長端八分與右短端二分之差為六　六

四右短端二分二倍為四分　四

第二十四款

有等梁是重體另有重係一端下若係紐定一所在得前一二三四率之兩比例自然梁之重與係重準等

覽上二十三款圖自明

覽上二十三款圖自明

等

歌曲一二三四字之兩已例自然遇以重與添重字

有奉字連譜各有連於一號下各於鍵變一符在

第二十四款

第三十五款

短　長

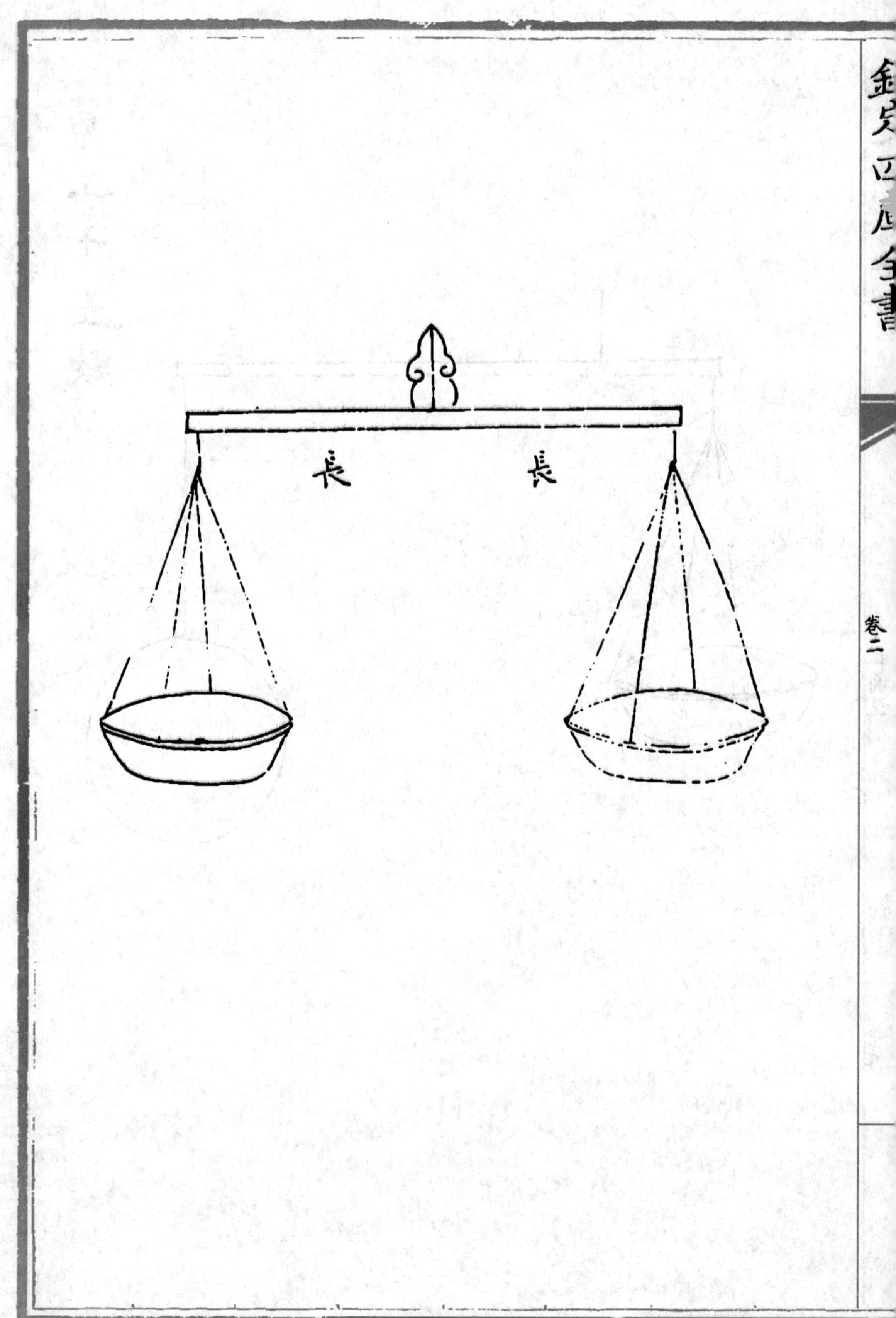
長
長

等子與天平相較等子入用最便為止一權且隨物重輕皆可用也然而天平則更準何也等子紐前一端最短故間有不準天平兩端皆長故更準于等子云

第二十六款

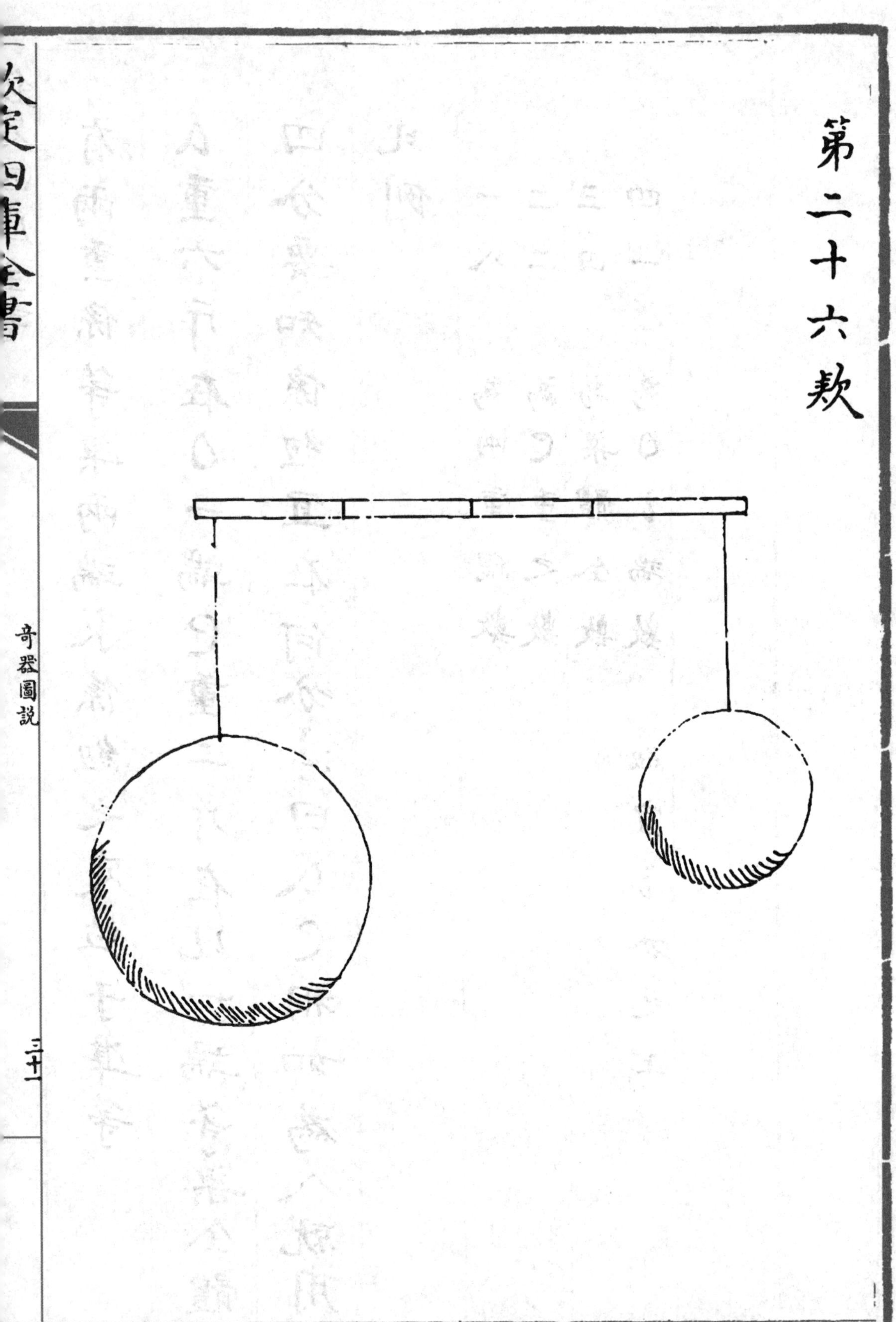

有兩重係等梁兩端求係紐之定位于準等

𠆢重六斤在〇一端ㄈ重二斤在儿一端等梁全體

四分要知係紐宜在何分法曰𠆢ㄈ相如為八就用

比例

一八　為兩重總數

二二　為ㄈ重之數

三四　為梁體全數

四一　為〇之端數　紐宜之分之上

第二十七款

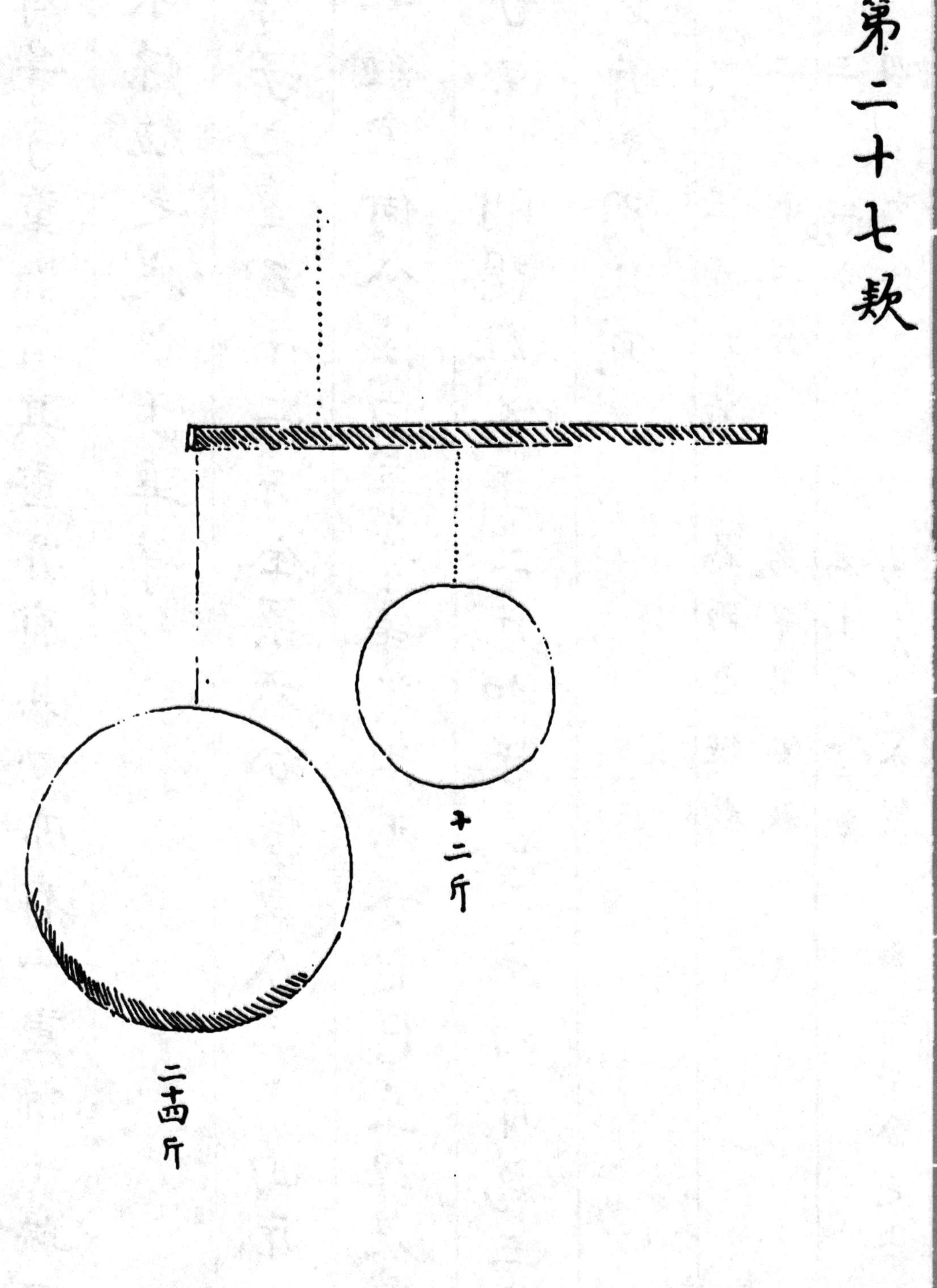

有等子重體有其重亦有其分亦有一重係一端下求係紐之定位于準等

等子之重為十二斤全梁六分係重八二十四斤要知紐宜何分法曰平等等梁為兩分自巳至乙是等子重心則想乙為十二斤加于八二十四斤為三十六斤就用比例

一　三十六斤　為兩重總數

二　十二斤　為等梁重數

三　三分　為乙巳之分數

四　一分　為乙八之分數　紐宜八分之上

第二十八欵

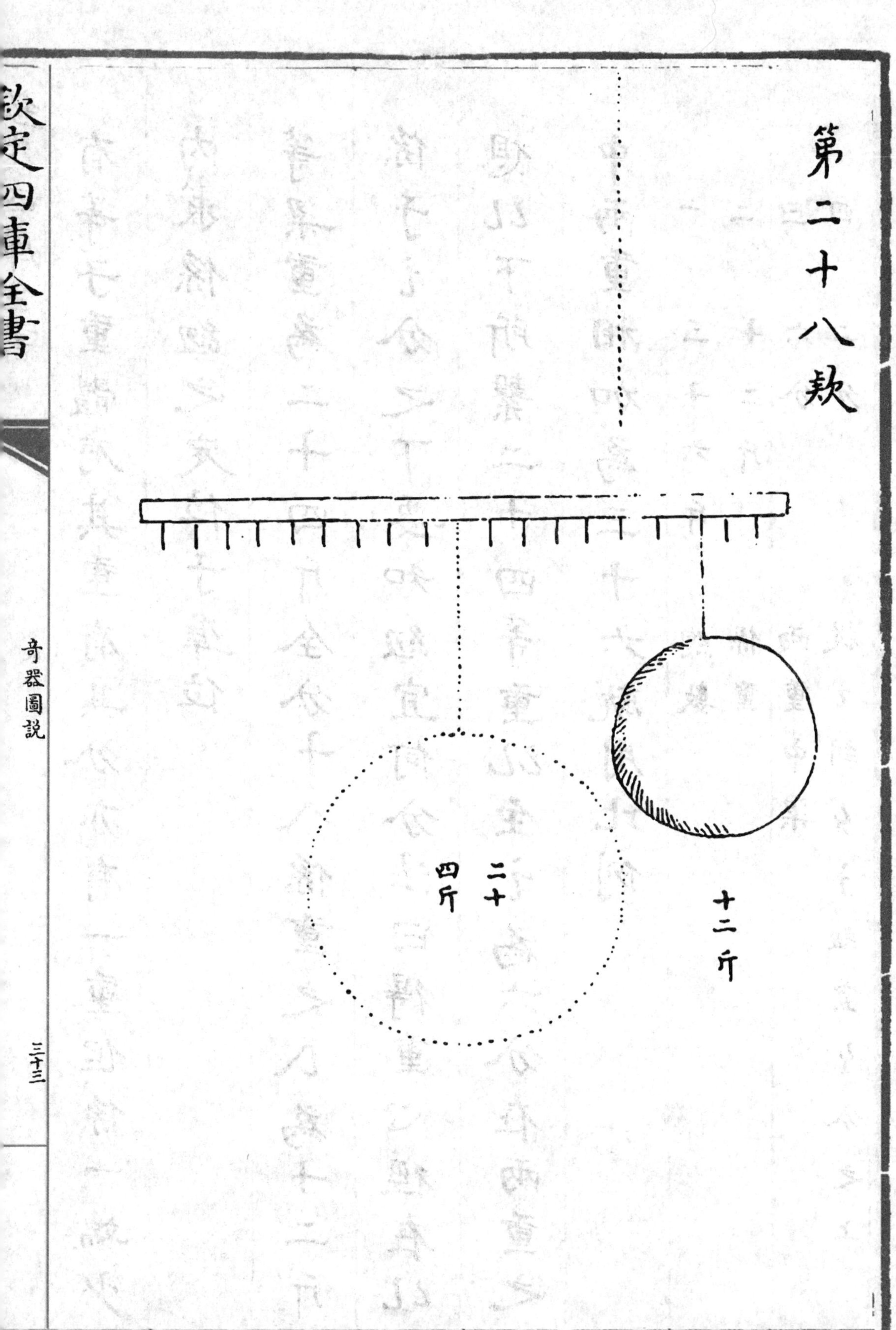

有等子重體有其重有其分亦有一重但係一端少内求係紐之定位于準位

等梁重為二十四斤全分十八係重之乙為十二斤係于乙分之下要知紐宜何分法曰得重心徑在乙想乙下所繫二十四等重乙至乙為六分在兩重之中兩重相加為三十六就用比例

一　三十六斤　總數

二　十二斤　係重

三　六分　兩重中梁

四　二分　從乙到夂亅紐宜夂分之上

第二十九款

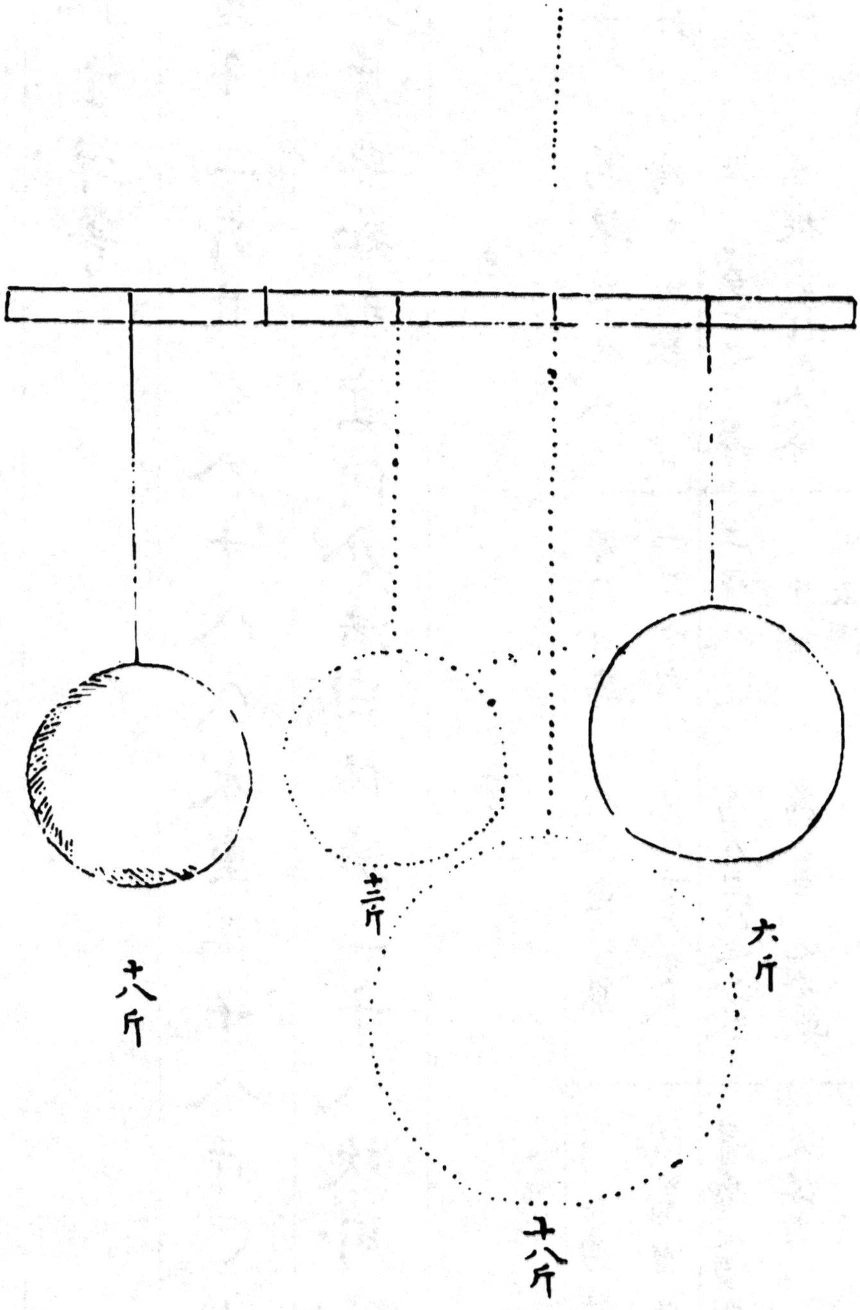

十八斤

十二斤

六斤

十八斤

有等子重有其分但兩係重在內不在兩端求係紐之定位于準等

等子重十二斤其全分十八㕥大重為十八斤㔾小重為六斤要知紐宜何分法曰依法二十八歀用比率

一　十八　為梁之全分	二　六　為㔾重數	三　六　為ㄟ至七之分數	四　二　為從ㄟ至儿之分數
每用比率　為兩重總數	一　三十六　為儿下之重數	二　十八　為△至儿之分數	三　十個　四　五個　為△至ㄥ之分數
所以ㄥ為紐	線則兩重為	等體之重俱	是準等

第三十款

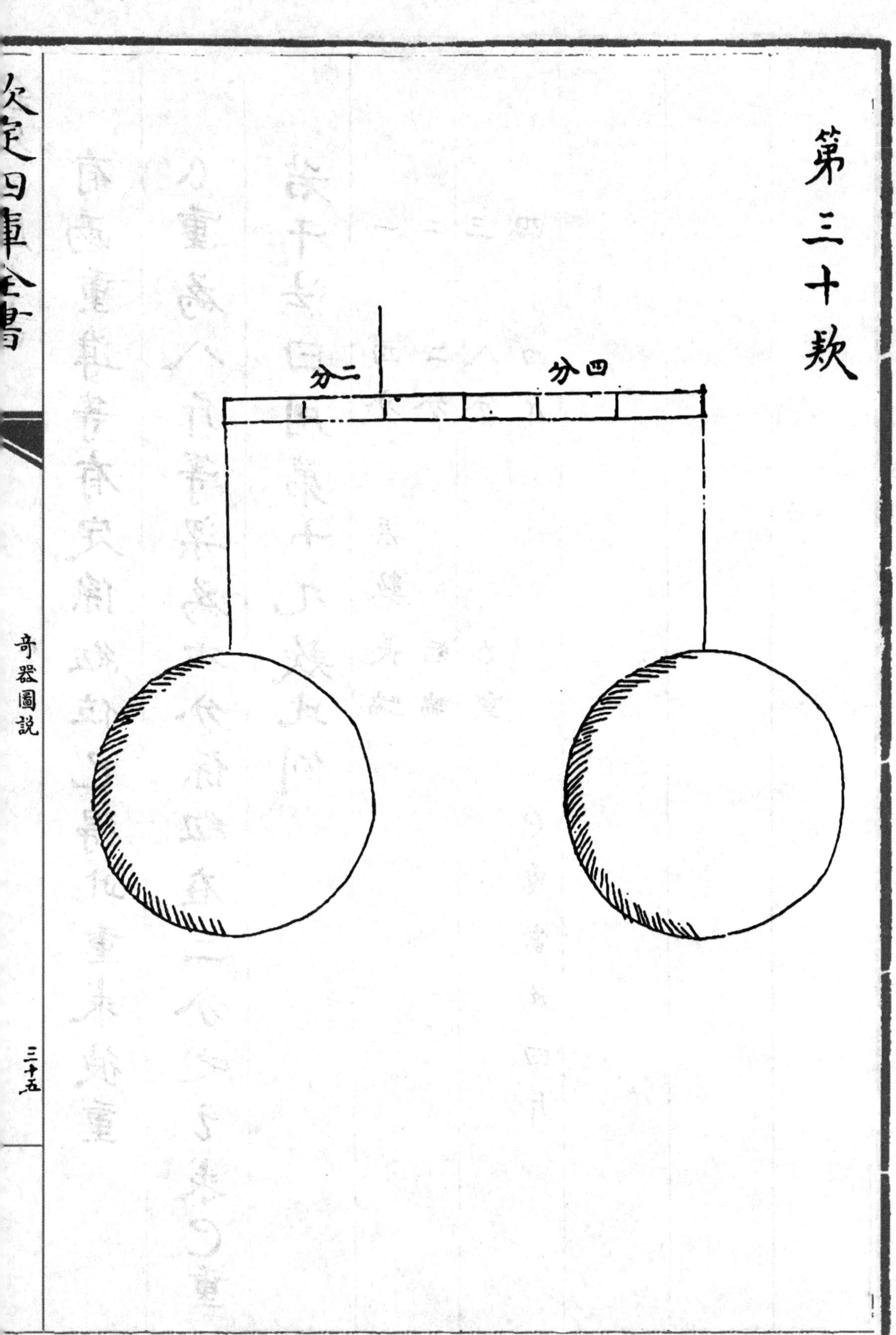

有兩重準等有定係紐位已得此重求彼重

a重為八斤等梁為六分係紐在二分之i求e重

若干法曰用第十九款比例

一　四分　梁數長端

二　二分　短端

三　八分　a重

四　四斤　e重當為四斤

第三十一款

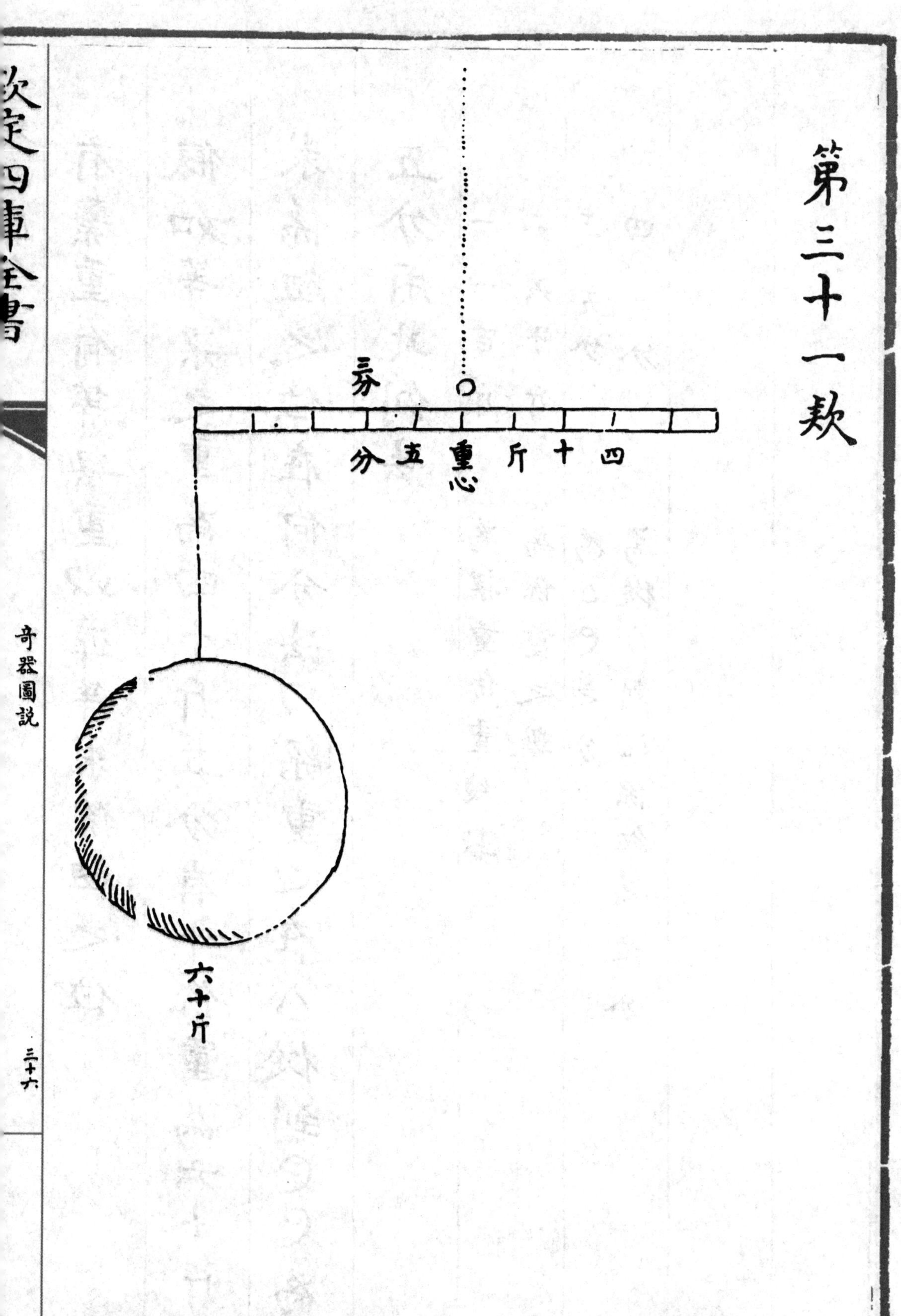

有繫重有等梁重以準等求係紐之位

假如等梁之重為四十斤其分有十係重為六十斤求係紐之位在何分法曰梁重心在△從到ᑫᑫ為五分用比例法

一　一百斤　為梁重係重總數

二　六十斤　為係重之數

三　五分　為△ᑫ之分

四　三分　為從△到ㄦ係紐之位分

第三十二款

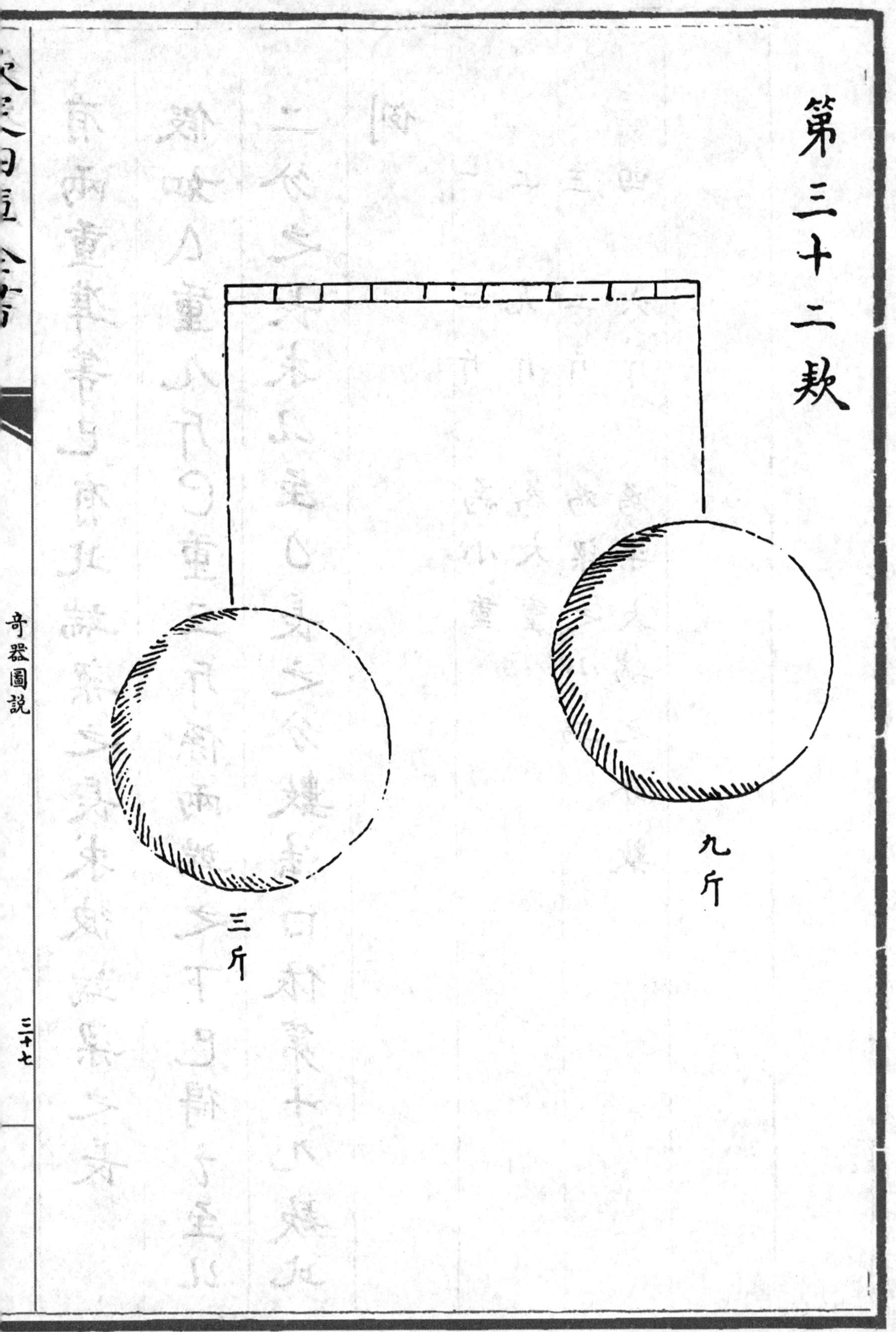

有兩重準等已有此端梁之長求彼端梁之長

假如ᄉ重九斤Ϲ重三斤係兩端之下已得ì至ll二分之長求ll至o長之分數法曰依第十九欵比例

一　二斤　為小重

二　九斤　為大重

三　二斤　為梁之小端

四　六斤　為梁大端之分數

第三十三款

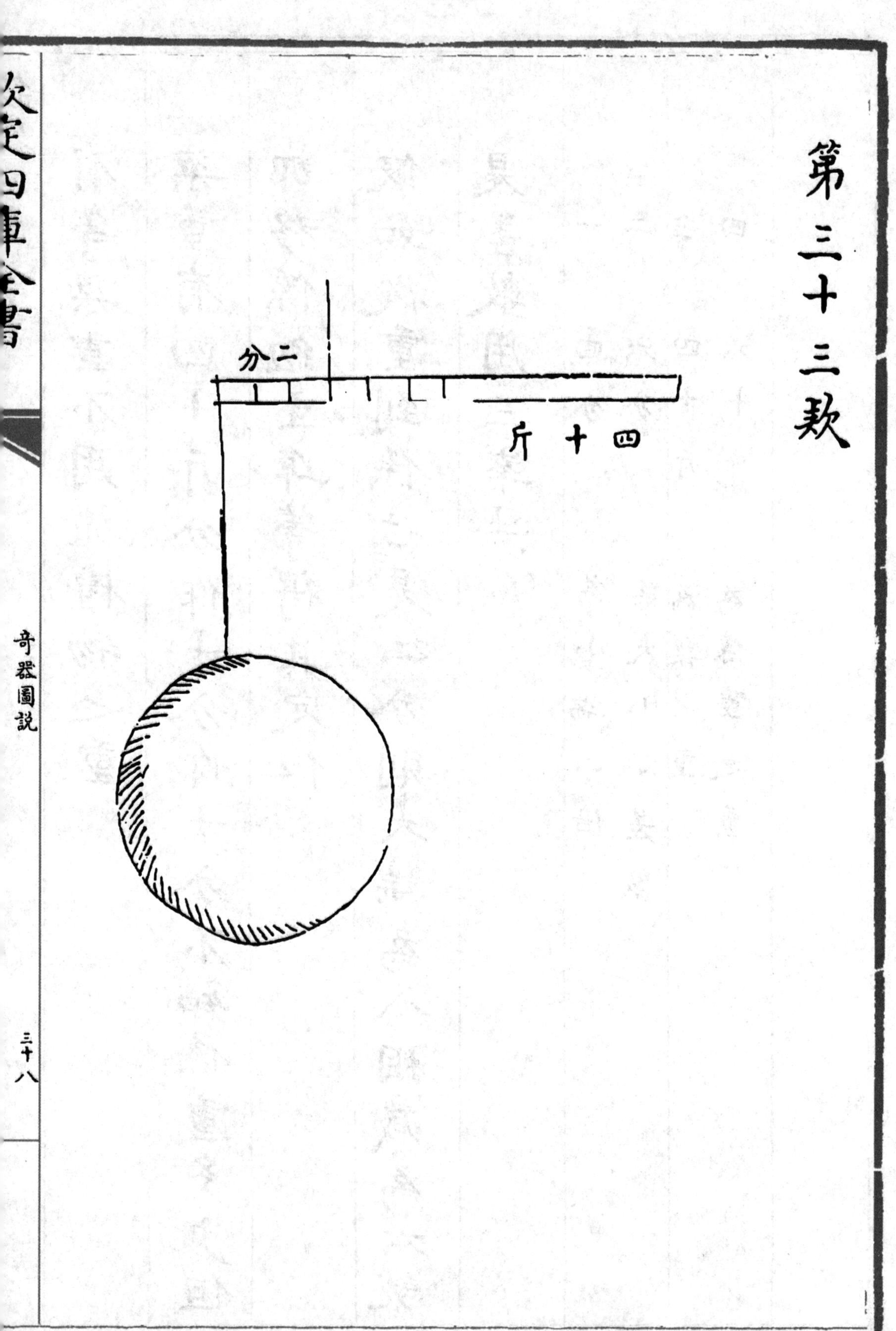

有等梁重不用權權物之重

梁重有四十斤分作十分作十分不知係重多少但

那移係紐至準等得其定位

假如從重到係位是二分則大端為八相減為六就

是差數用三率法

一　四分　為小端二倍

二　六分　為大小端差數

三　四十斤　為梁之重

四　六十斤　為係重之重

槓杆解

第三十四款

槓杆有三名一曰頭一曰柄一曰定所外有依賴所

曰支磯

第三十五款

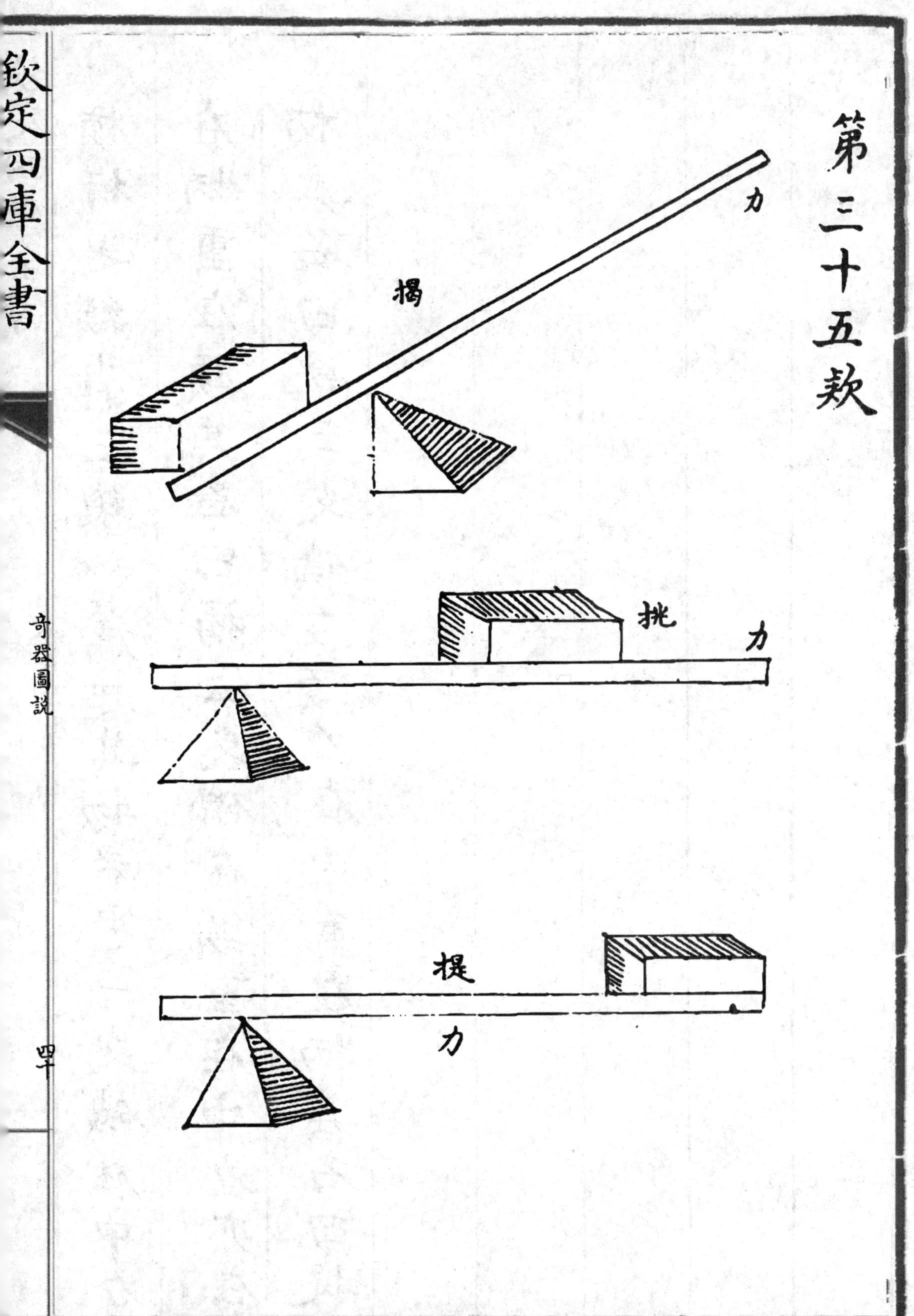

槓杆之類有三總以薦起其物者也一支礮在中力在柄重在頭其名曰揭二支礮在頭重在中力亦在柄其名曰挑三支礮在頭力在中重在柄其名曰提

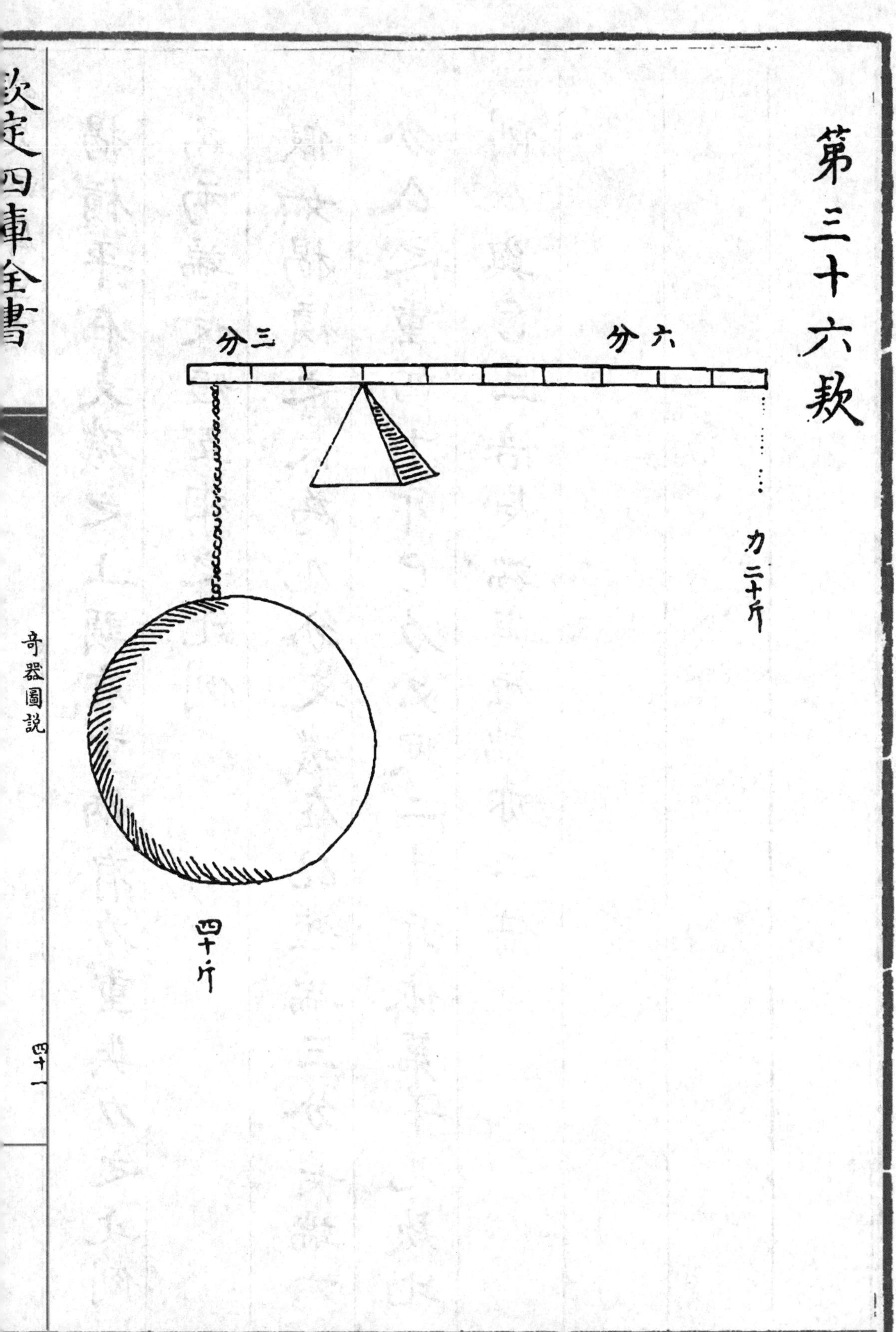
第三十六款
三分
六分
力二十斤
四十斤

揭槓平在支磯之上頭有重柄有力重與力之比例為兩端長短互相之比例

假如揭槓之長為九分支磯在乙短端三分長端六分甲之重四十斤丙力必定二十斤依第十九欵比例甲與丙二倍長端與短端亦二倍

第三十七款

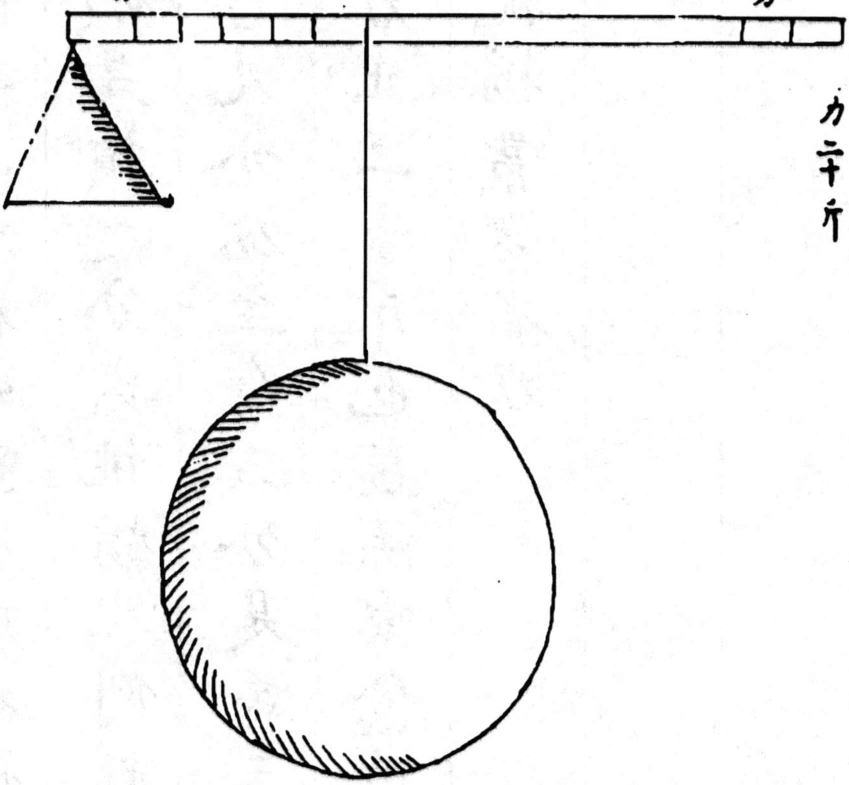

五分

九分

力二十斤

六十斤

挑槓平在支磯之上頭在磯重在中力在柄之比例從〇重到支磯是槓之分與挑槓比例就是力與重等假如乙至〇九分儿至〇三分是為三分之一所以重六十斤力止二十斤也葢係重愈近于支磯用力愈可少故挑槓常常省力

第三十八款

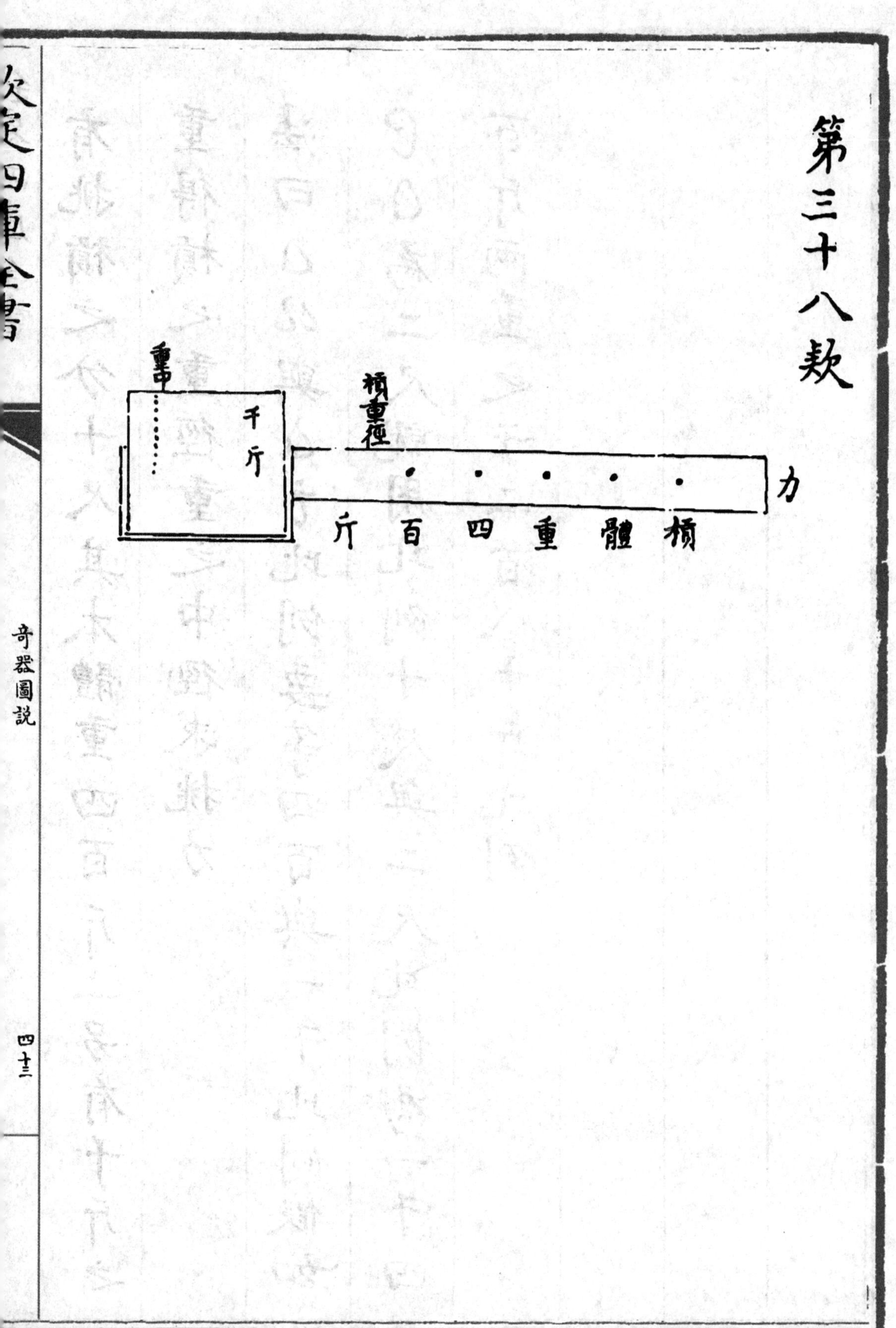

有挑槓之分十尺其本體重四百斤上另有千斤之重得槓之重徑重之中徑求挑力

法曰○以與○之比例要等四百與一千比例假如ℓ○為二尺就用比例十尺與二尺比例為一千四百斤兩重之于二百八十斤比例

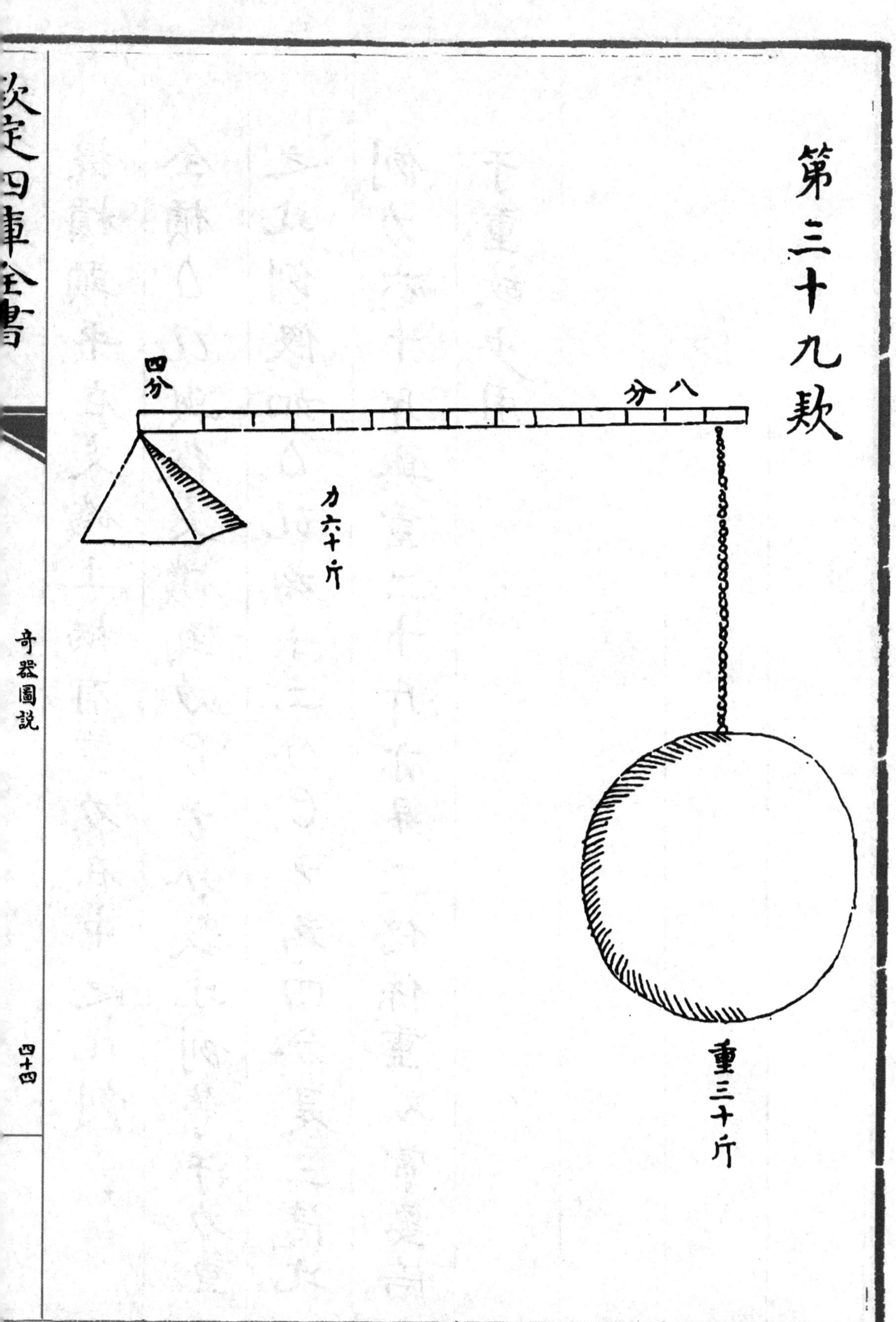
第三十九款
四分
八分
力六十斤
重三十斤

提槓頭平在支磯上柄有重力在中之比例

全槓甲乙與從支磯到力丙之分數比例等于力重之比例假如甲乙為十二分丙之為四分是三倍比例力六十斤與重二十斤亦是三倍係重力常要倍于重故少用

第四十款

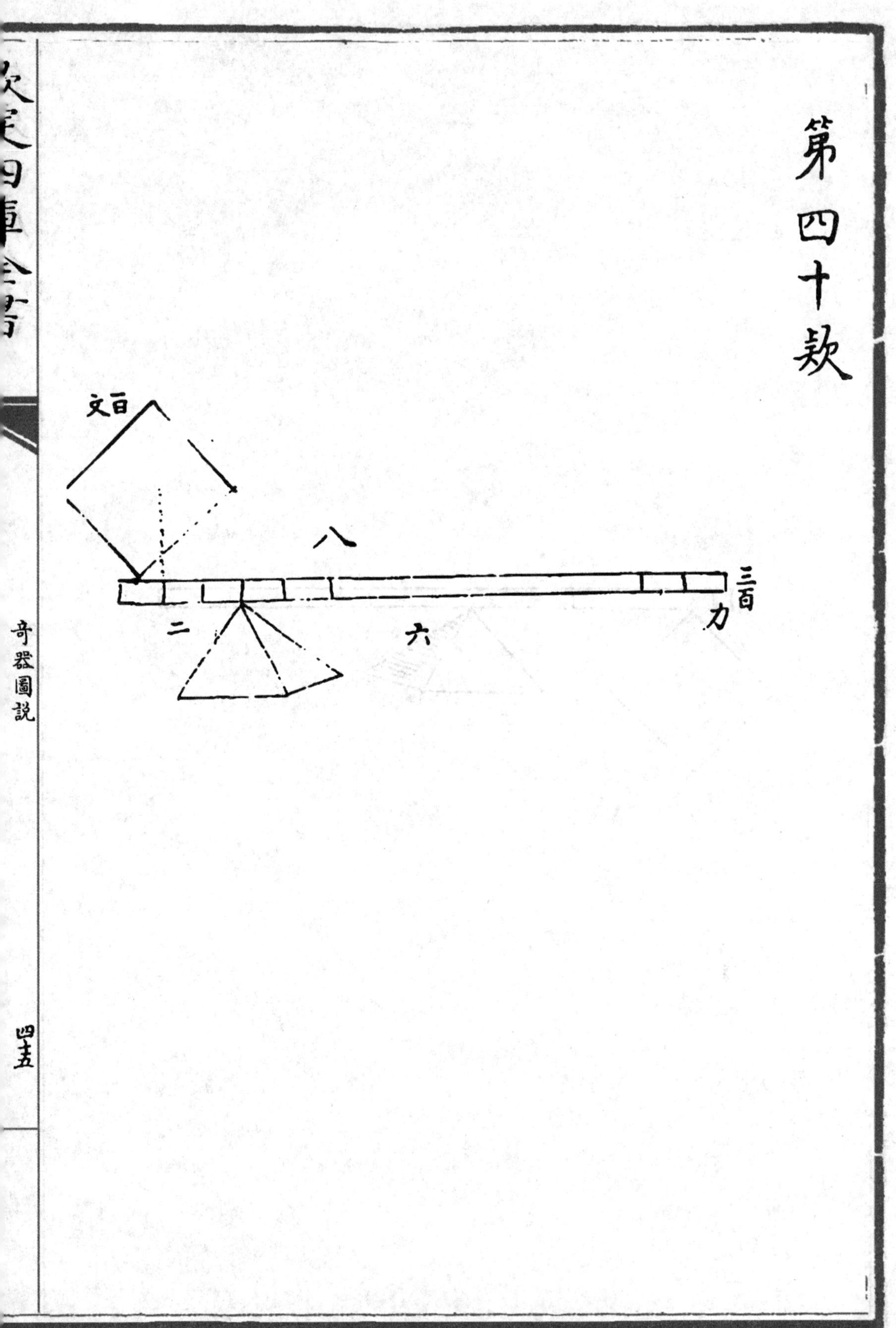

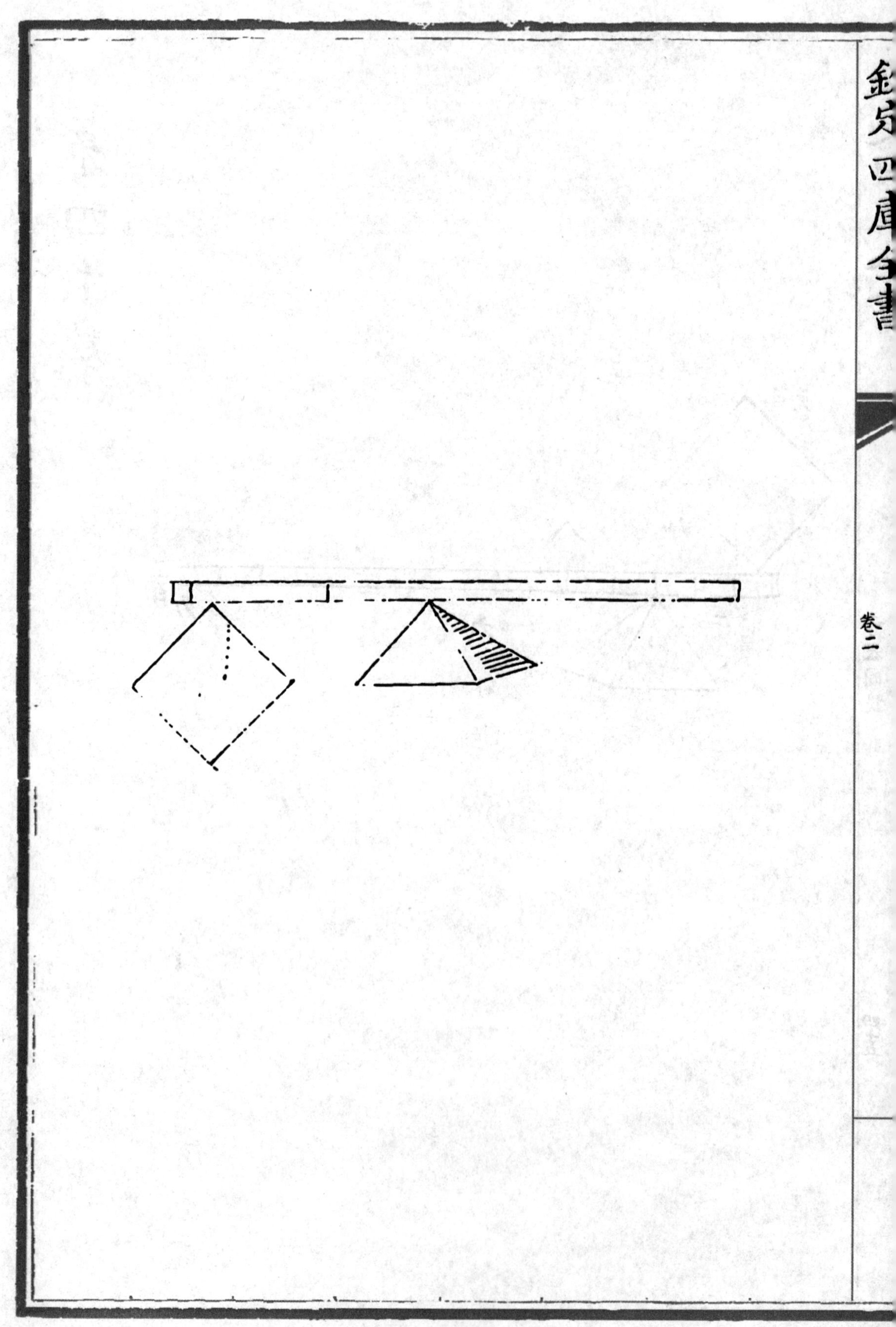

力用槓子挑重其比率等與槓兩分一分從支磯到點垂線從心來到槓所二分從支磯到力所

假如巳ᐃ為槓子ㄟ為支磯能力在巳為三百斤乁△重為九百斤所以比率是三分之一今從△中心打垂線到槓上到乙點就乙到ㄟ長與ㄟ到巳長比率亦是三分之一若乙ㄟ為兩分則ㄟ乁為六分是三分之一明矣

第二圖ᐃ△重係槓下與ᐃ𠂉二處只用乙△垂線

則不用厶𠂊兩點其後萬法皆然

第四十一款

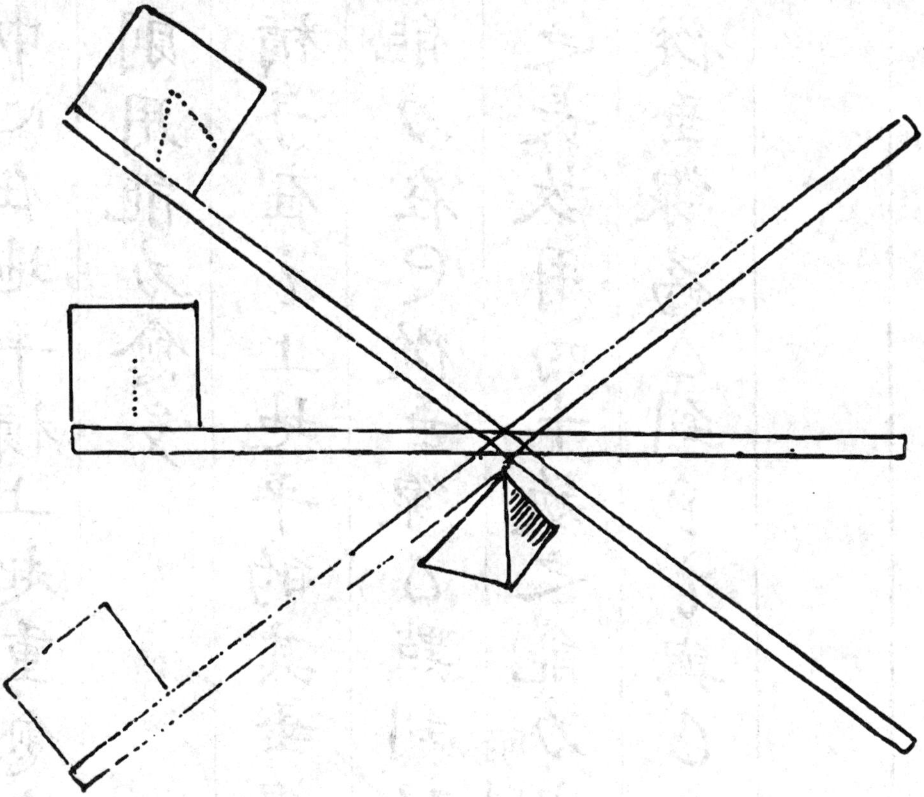

能力挑重中心在地平槓上起重愈高則用能愈火

若重愈低則用能力愈多

假如ℓ∧槓子在ㄹ上地平的其垂線為ΔΔ起重

在上則用能力在ℯ從垂線Δ點到乙其乙到ㄹ短

于∧到ㄹ之長故用四十觔之能力少也若重在地

平之下則從垂線為Δ到ℓㄹ與Δㄹ長所用前觔

故力多

第四十二欵

揭槓在平重心在上重心起愈高能力愈少

如上圖重心起高垂線到乙視下平重去支磯愈近

故用力愈少也

第四十三欵

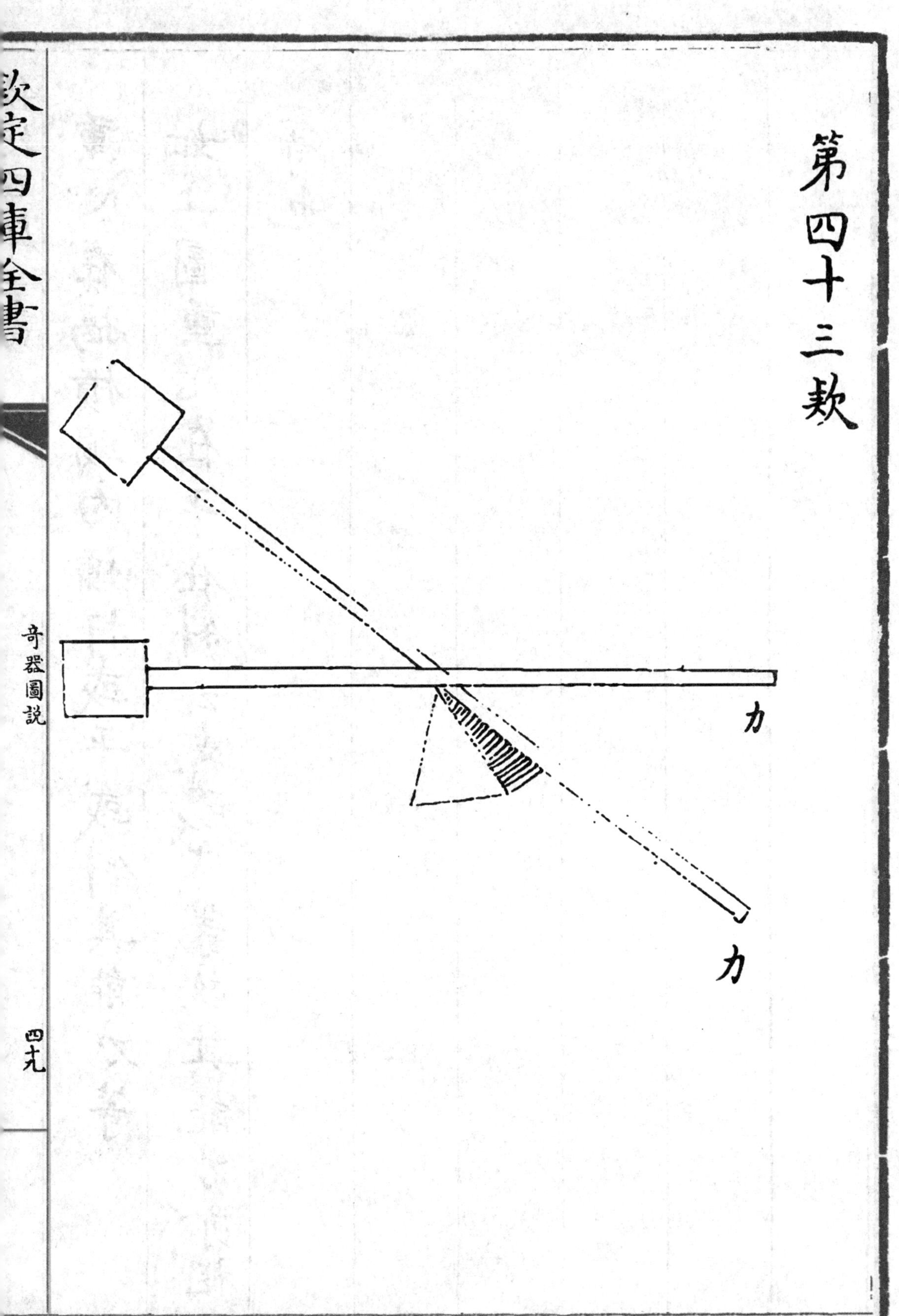

重心在揭槓頭内槓杆或平或斜其能力等

如上圖重心在平在斜去支磯皆等故其能力亦相等也

第四十四款

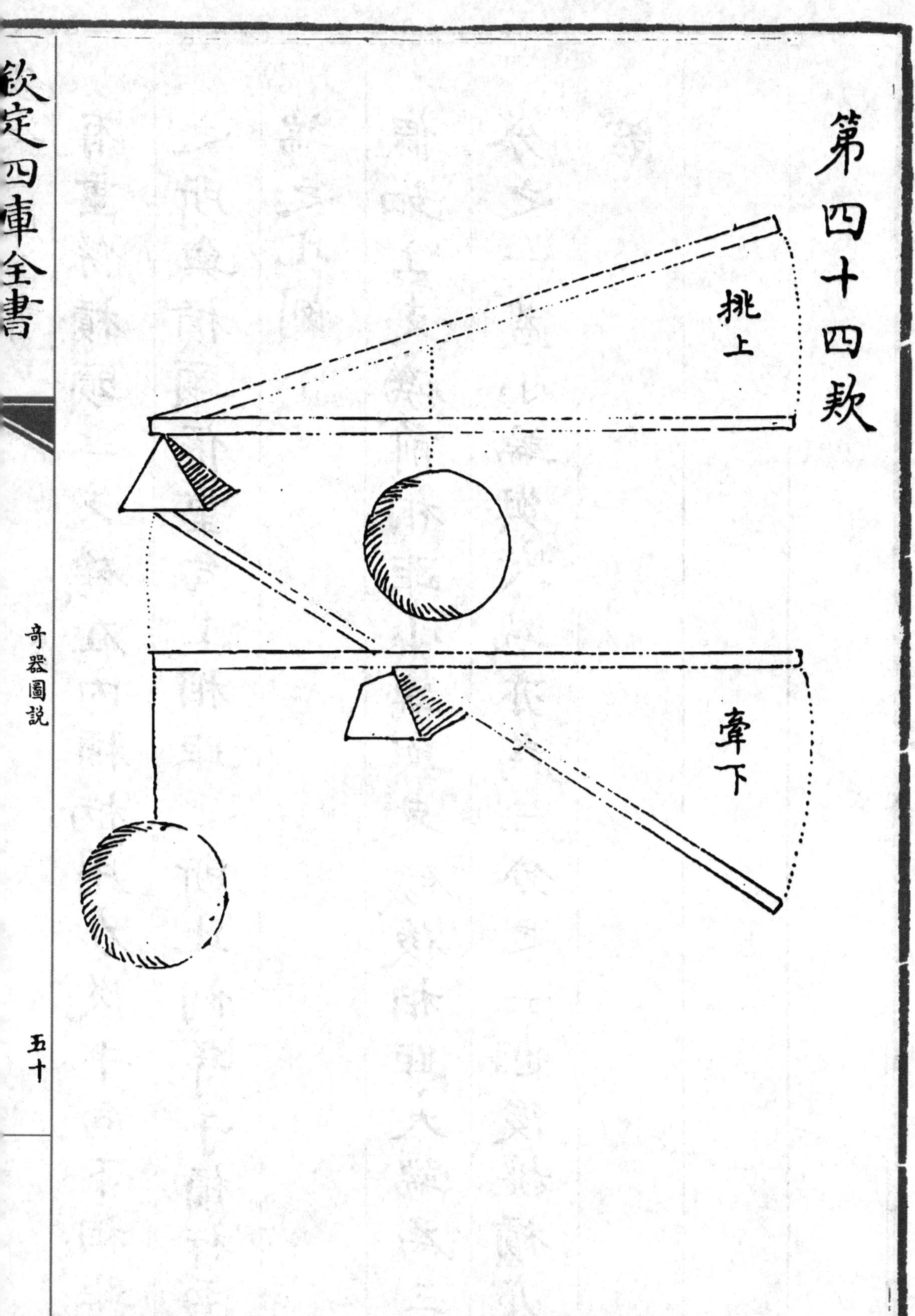

有重係槓頭上支磯在内槓柄用力從平向下相距之所與槓頭係重向上相距之所比例等于槓杆兩端之比例

假如上支磯前相距小端與支磯後相距大端為三分之一蓋小端與大端亦為三分之一也後挑槓亦然

第四十五款

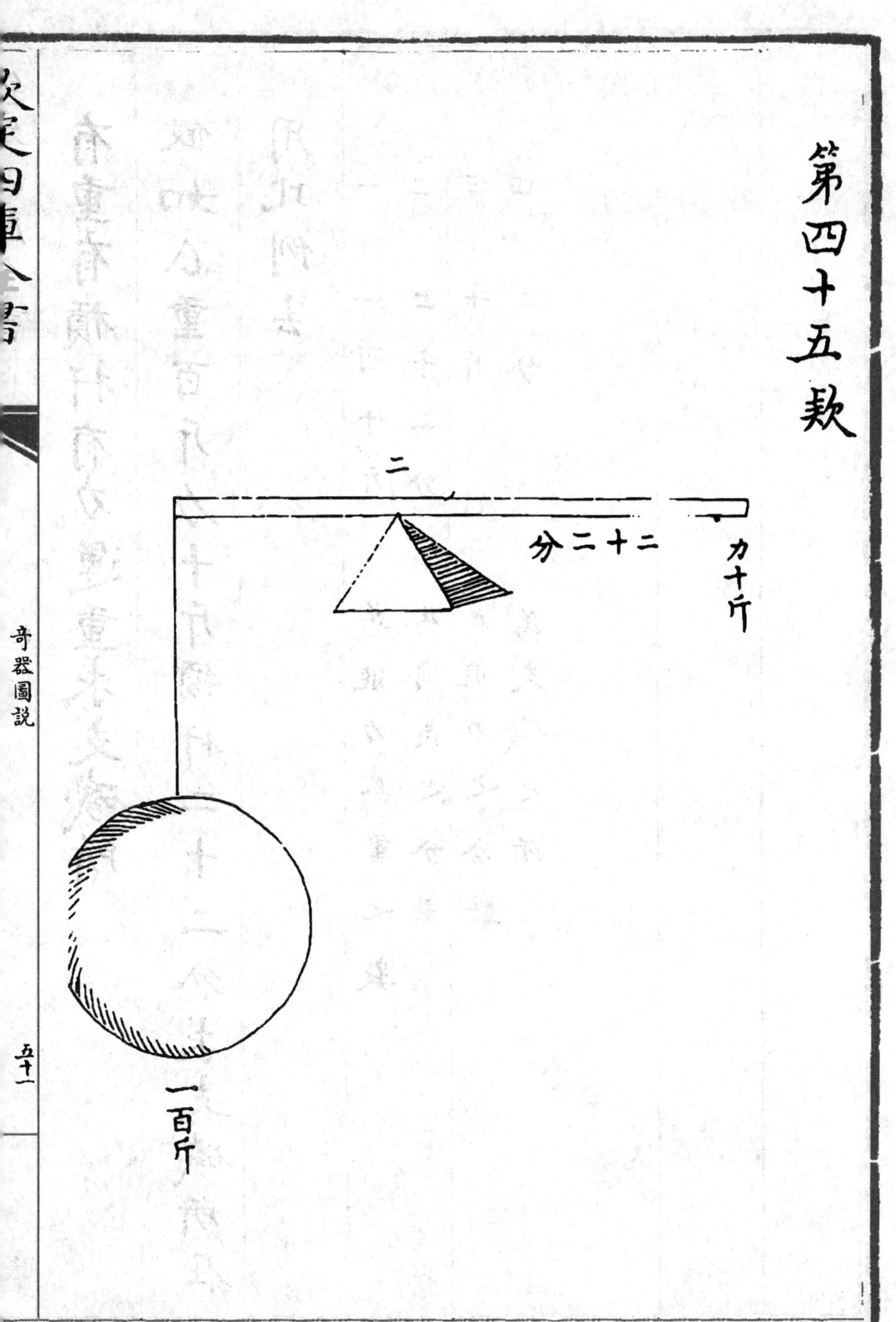

有重有槓杆有力運重求支磯所

假如以重百斤力十斤槓杆二十二分求支磯所在

用比例法

一　一百十斤　為能力與重之數

二　二十二分　為槓長之分數

三　十斤　為能力之分數

四　二分　為支磯之所

第四十六款

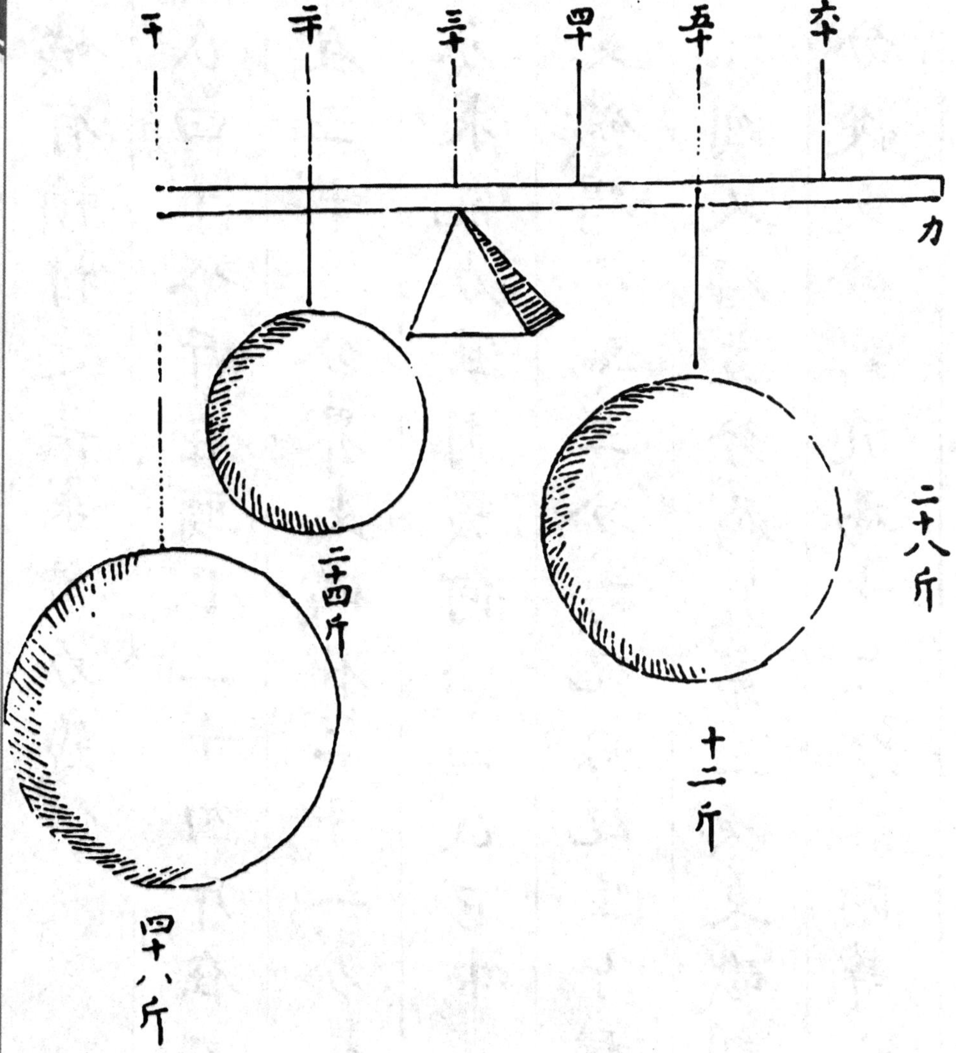

十
二十
三十
四十
五十
六十
力
二十四斤
二十八斤
十二斤
四十八斤

有幾重有支磯有槓杆之長求能力幾何

假如有三重△四十八斤在頭巳二十四斤在九分界○十二斤在三十八分界支磯在二十一分界槓杆共長六十分求能力宜用幾何法曰△巳中槓為九分求兩重支磯得小端三分為乙自乙至○槓有三十五分用比例又得五分為氐第三次支磯到力○為三十九分從支磯到氐為十三分比例等于三重八十四斤與力為二十八斤

第四十七欵

有幾重有槓長之數有能力之數求支磯所法即用上四十六欵之圖先求準等如㐁為八分自㐁至力為五十二分也用比例法

一　一百十二斤　為乀巳讠〇三重與力之數

二　二十八斤　為能力之數

三　五十二分　為槓長短之分

四　十二分　為從㐁重心到支磯所之分

第四十八款

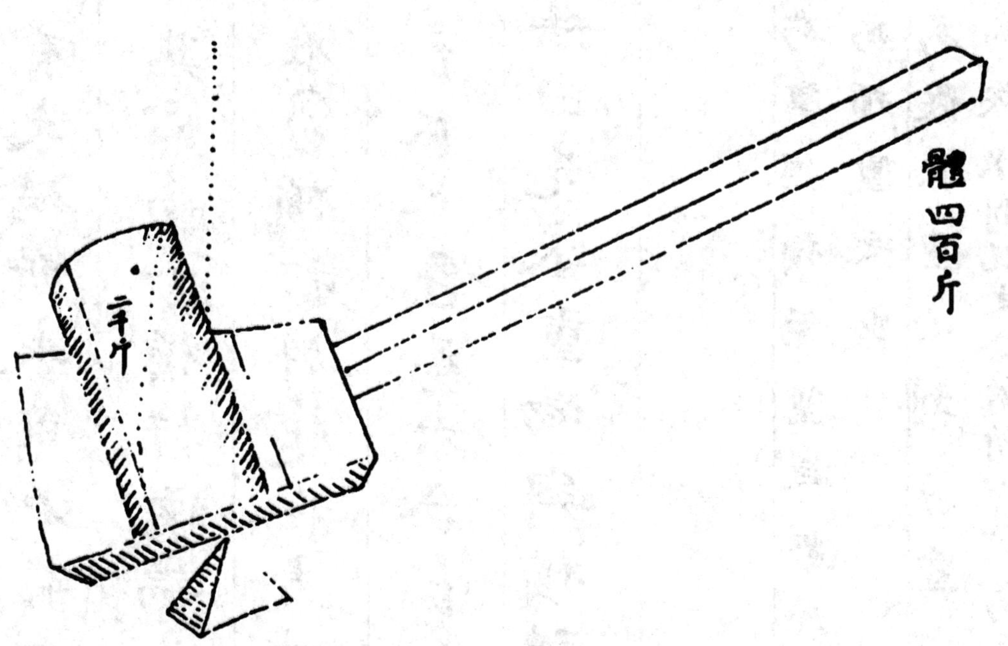

有重物有重體槓杆有支磯所求能力幾何

假如凡重為二千斤其心為乙槓杆兩端為△丁其體重四百斤其心重在丙槓杆斜起在支磯巳上乙巳是其定所重徑為乙長長丙為六分壬了為十二分了用能力宜幾何法曰先求重物與槓體之重心用比例法

一　二千四百斤　為重與槓兩重之數

二　四百斤　為槓重之數

三　六分　為從長重心到丙重心之數

四　一分　為從長到乙乙之分數所以乙乙為五分再用比例法

一　十二斤　為力房到支磯千之分數

二　一分　為儿亡之分數

三　二千四百斤　為兩重之全數

四　二百斤　為能力之數

滑車解第四十九款

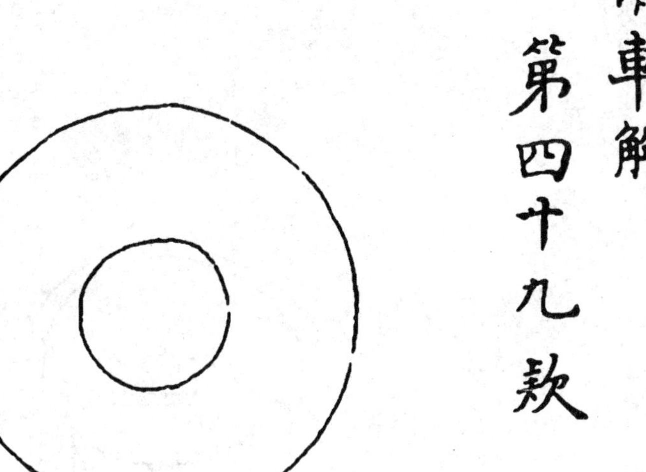

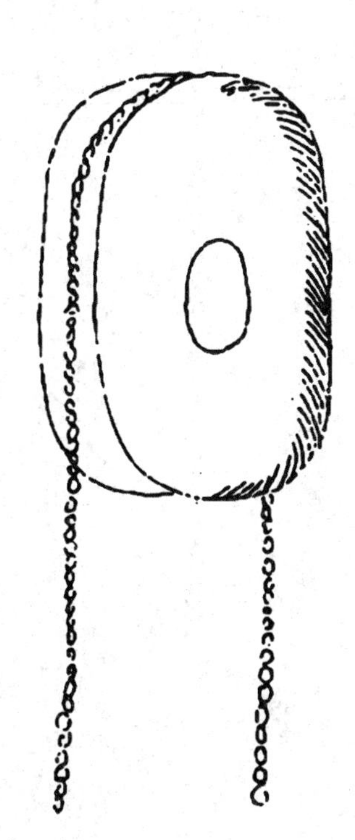

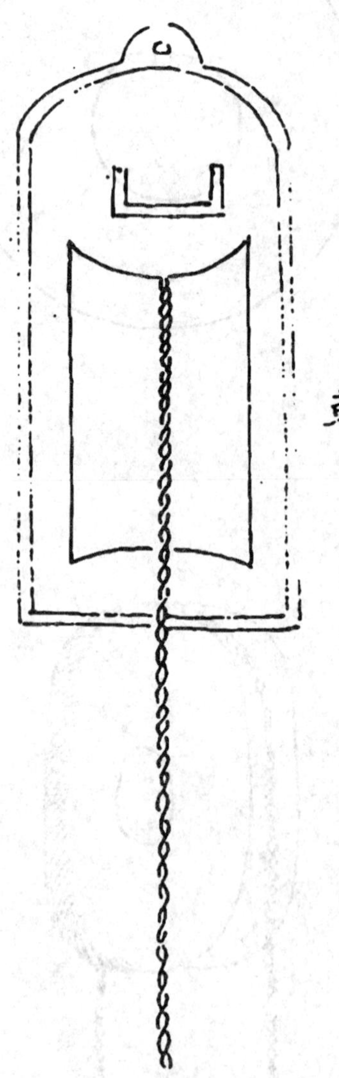
軸

滑車體全是輪輪周之側面兩旁高中則凹無輻無齒無軸而有軸之眼空

輪小而厚亦不多兩旁高而中凹以容繩轉其中者也自身無軸止有容軸之空眼另有架安軸而此輪貫于軸上其滑最利繩轉故名為滑車南中呼為羊頭搰轆者此也如上△為小輪其中有空眼ᑕ為轉繩從凹槽中上下者也◯乃其架之則其所貫之軸耳

奇器圖説

（二）

明·鄧玉函　王　徵撰

中國書店

詳校官刑部員外郎臣許兆椿

第五十欵

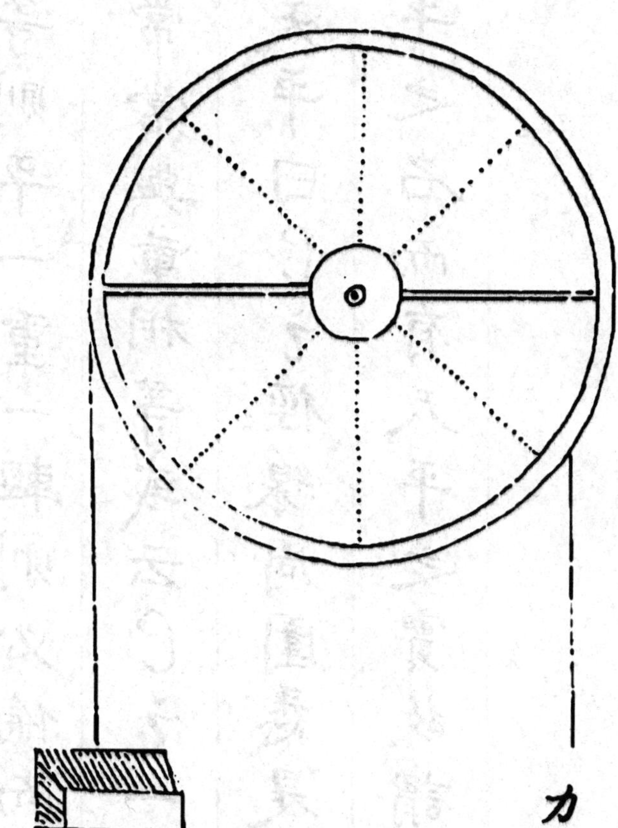

滑車亦是天平之類所以能力與重相等

天平兩重相等則平一重一輕則必偏而下矣此滑車之力所以常常與重相等或云巳之一轉則不平矣何以云是天平曰巳之徑線周圍悉是則轉轉都是天平無天平之名而有天平之實故謂與天平同類

第五十一款

滑車大與小能力皆同

槓杆等器皿愈大其能力亦愈大滑車不然或大或小其力皆一為何兩徑相等故耳

第五十二欵

滑車不甚省人力却最便人用

如人從井提水則臂力易疲有此滑車在上而人從下挽之雖不甚省人力乎而手挽視手提則必有分矣

第五十三欵

滑車之繩一端向上一端向下其向下之力與向上之重相距常等其為時刻亦等

第五十四款

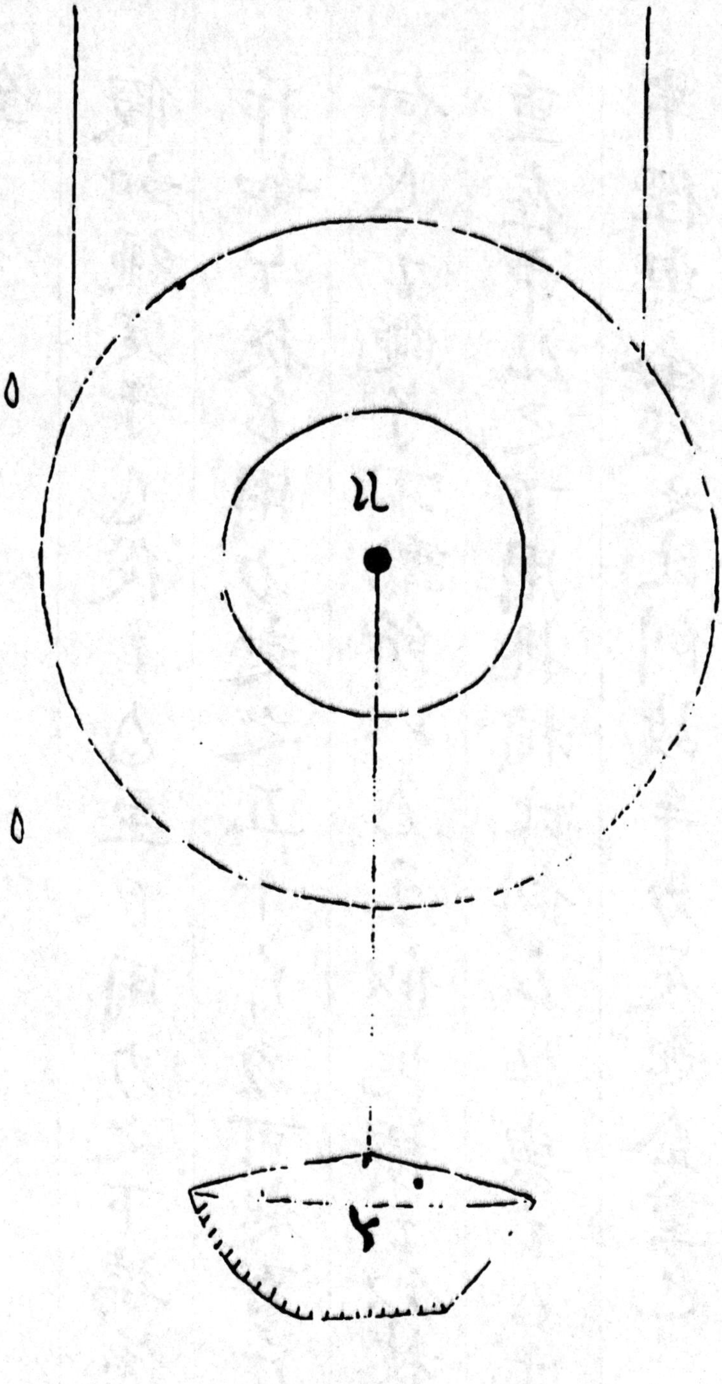

乙

丁

一百斤

滑車之繩兩端之上一端係重一端用力力半可起重全

假如繩定于ᑯ從之ᐃ至ℓ用力之下端係重一百斤如ㄣ從ℓ用力起之五十斤力可起百斤之重為何ᑯ之繩子不動所以ᐃ之似挑槓之似枝磯因係重在中以之下用挑槓比例之以與之ᐃ比例常為半徑與全徑之比例故半力足起全重也

第五十五欵

滑車之繩兩端在上一端係重一端用力用力雖則一半為時則須二倍且繩之向上相距之所必倍於係重相距之所覽上圖自明

輪盤解

第五十六款

此三様亦曰輪

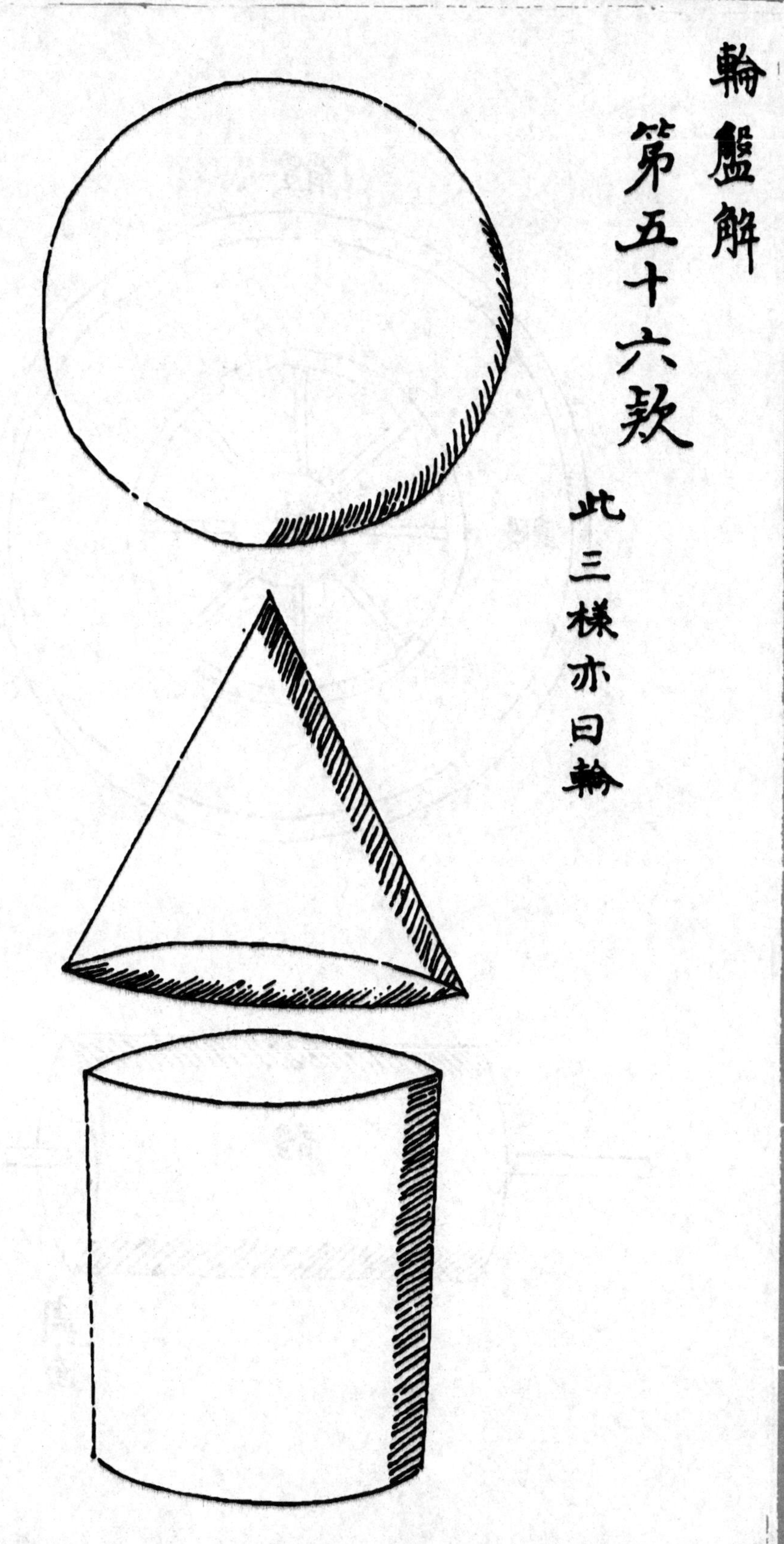

體
輞
軸
體
軸
周
面

圓體有三種一球

二尖圓三長圓

輪之物三其全體一其在中曰軸一其在外曰輞

第五十七欵

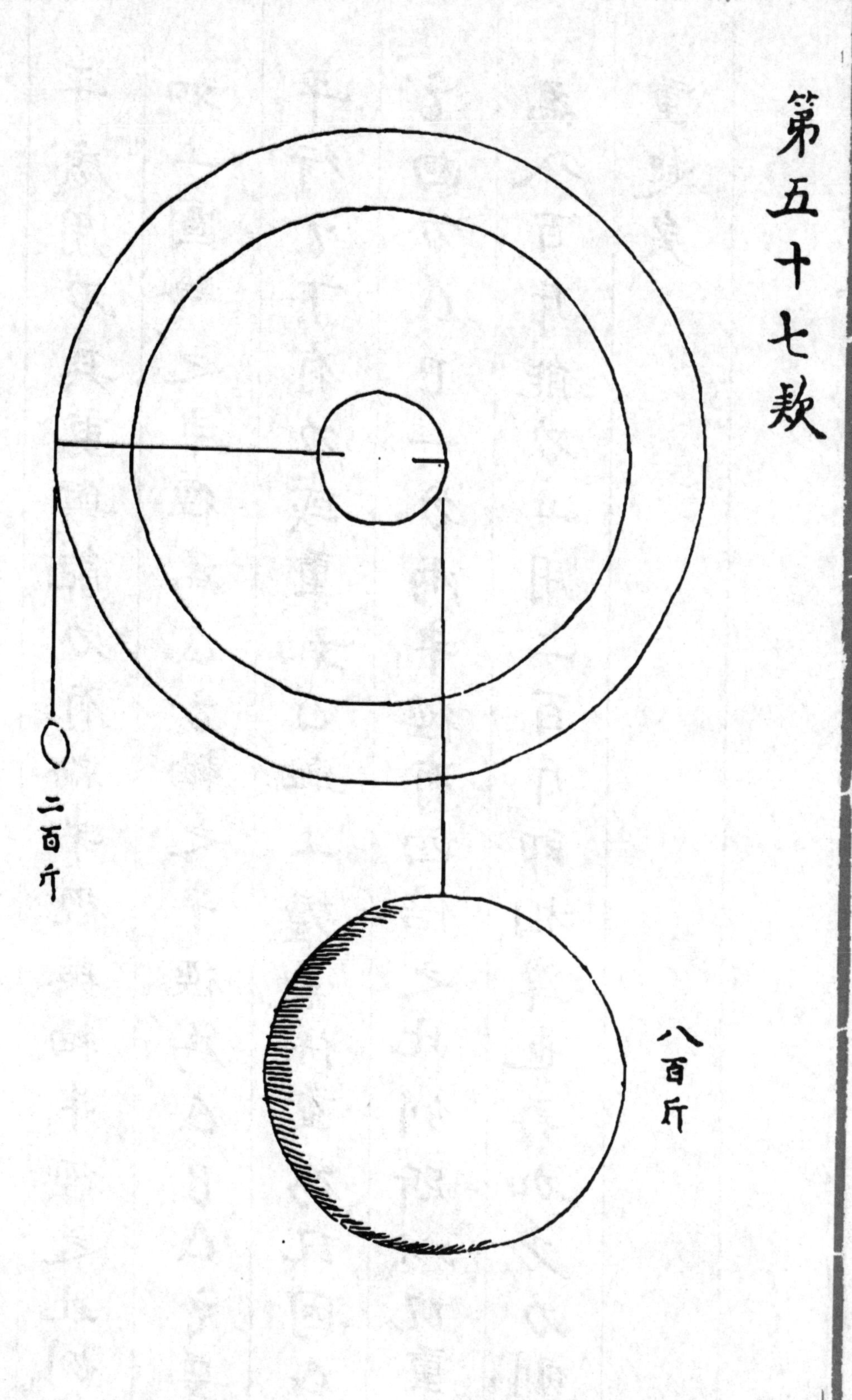

有輪其軸兩旁長出與輪相粘軸有係重人在輞邊平處用力其重與能力有輪半徑與軸半徑之比例如上圖輪之半徑為乙之軸之半徑為乙巳乙之要平行之下有力或重如乙軸上纒索係重為己因乙之四分乙巳一分兩半徑有四倍之比例所以己重為八百斤能力止用二百斤即相準也再加少力則重起矣

第五十八款

輪即等子類如滑車即天平之類

看上圖乙乙平線為等子之梁△即等不動所力與

重準等即等十九款比例故輪即等子類也

第五十九款

用輪常常省力

因輪半徑常大於軸半徑故係重之起常常省力其軸倘更細則用力愈更省也

第六十款

三百斤

輪半徑線不平係重于係其比例亦不同

如上圖有ᐃ△不平半徑線其柄在△上下係重為ㄣ其垂線從△到乙在ᐃ之平線上軸之係重三百斤如仈與力ㄣ比例是與乙與ᐃ卫比例因ᐃ乙為三ᐃ卫為一所以三百斤用力一百斤也若不用重而用手則在△與在之省力常等蓋因攀而斜下其垂線常在輪之周也倘必欲用重則于輪周如一滑車其重之係索從滑車而轉則亦力省矣

第六十一款

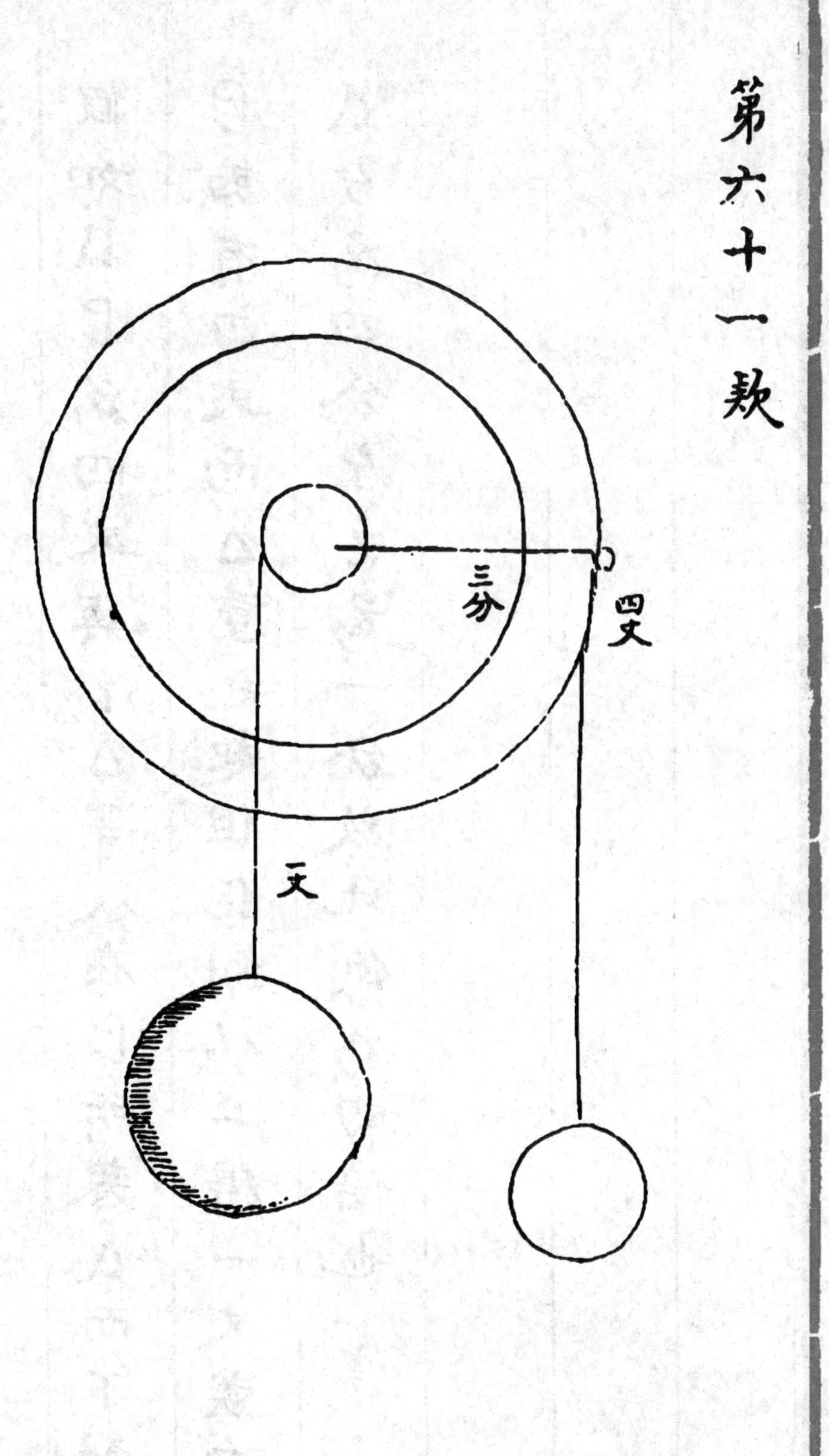

輪周攀索之下與軸係重之之比例為兩半徑之比例

假如乙巳為四丈與己△等人在巳所攀乙而下到巳即有四丈而△重之起但能到レ止得一丈蓋因乙ケ為四分ケ己為一分故比例為四倍也

第六十二款

輪之用省力而費時比例

假如不用輪法欲起千斤之重其費時止一刻耳若用此輪法則費時當須四刻葢用力則省而為時則多也

第六十三款

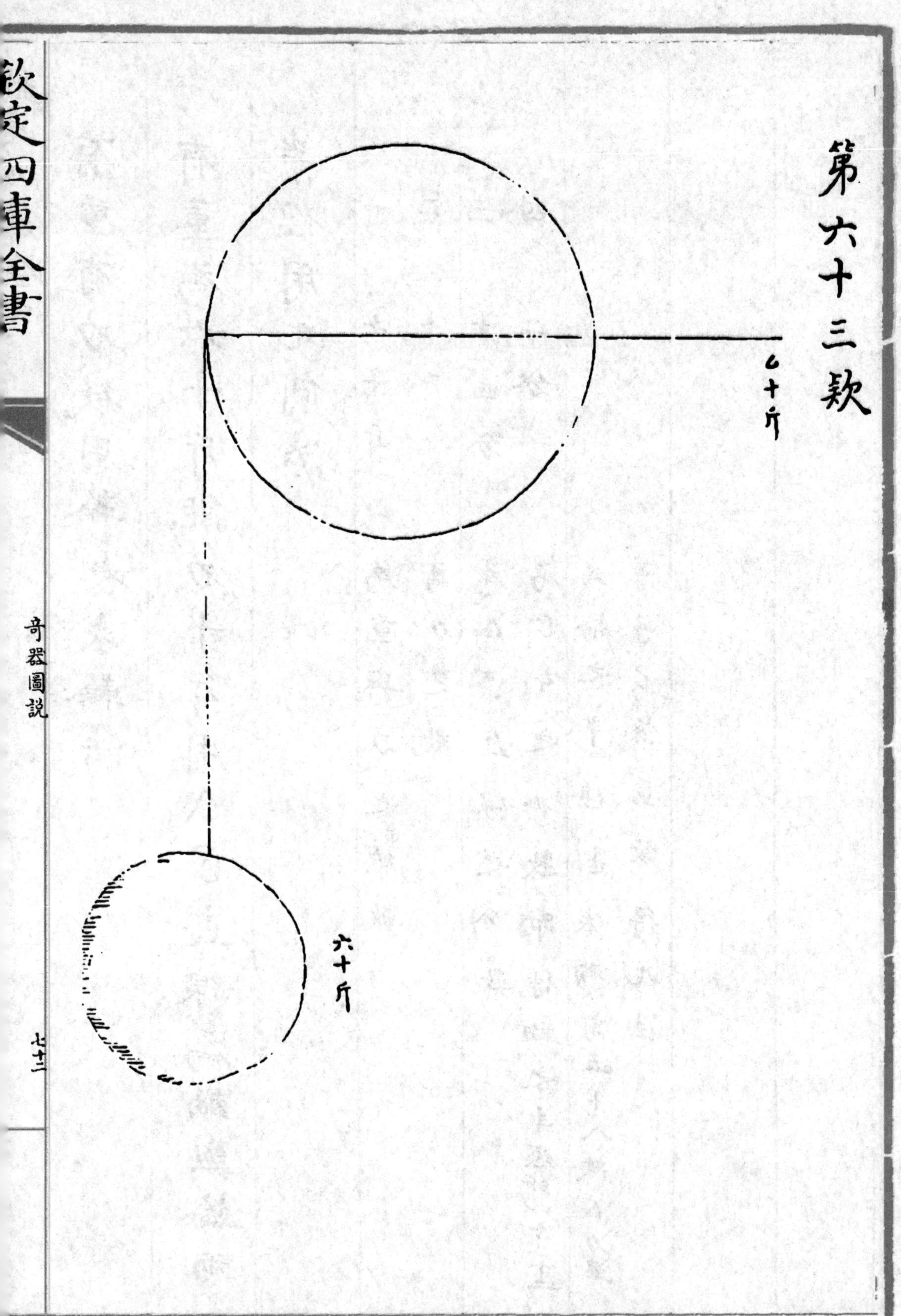

有重有力欲用輪起求輪法

有重為六十斤能力十斤用△ℓ直線為軸與輪兩半徑用比例法

一　七十斤　為重與力之總數

二　十斤　為力之數

三　十四分　為△ℓ直線之分數

四　二分　為ℓㄣ之分數即得軸之半徑所以ㄣ△十二為輪之半徑也依賴前五十八款△力準等子ℓ係重故得此法

第六十四欵

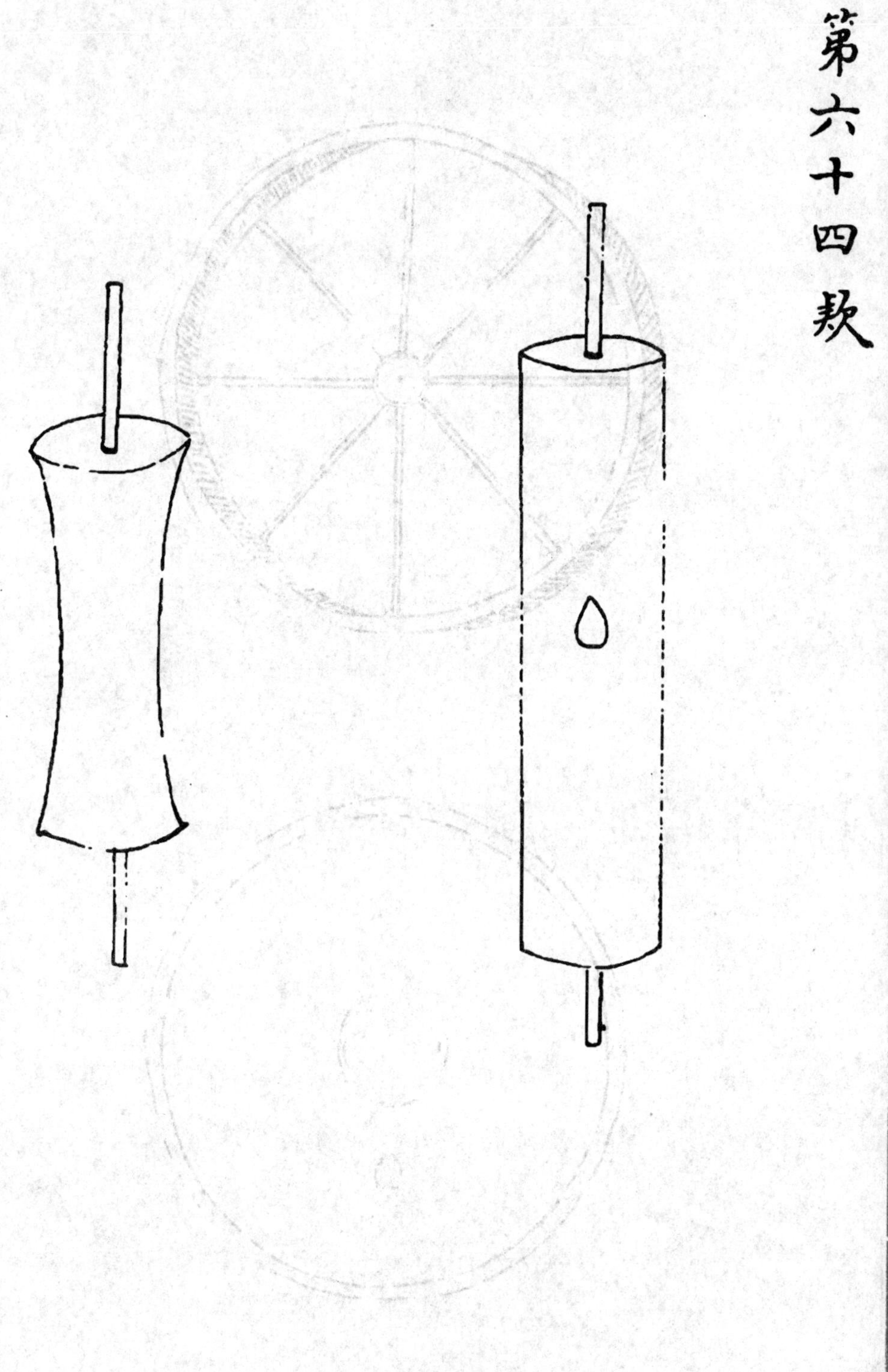

輪勢多端論其輞有長有側

輞輪有四第一長者如ㄙ

第二長者如C

第三側者如え

第四側者如△

第六十五款

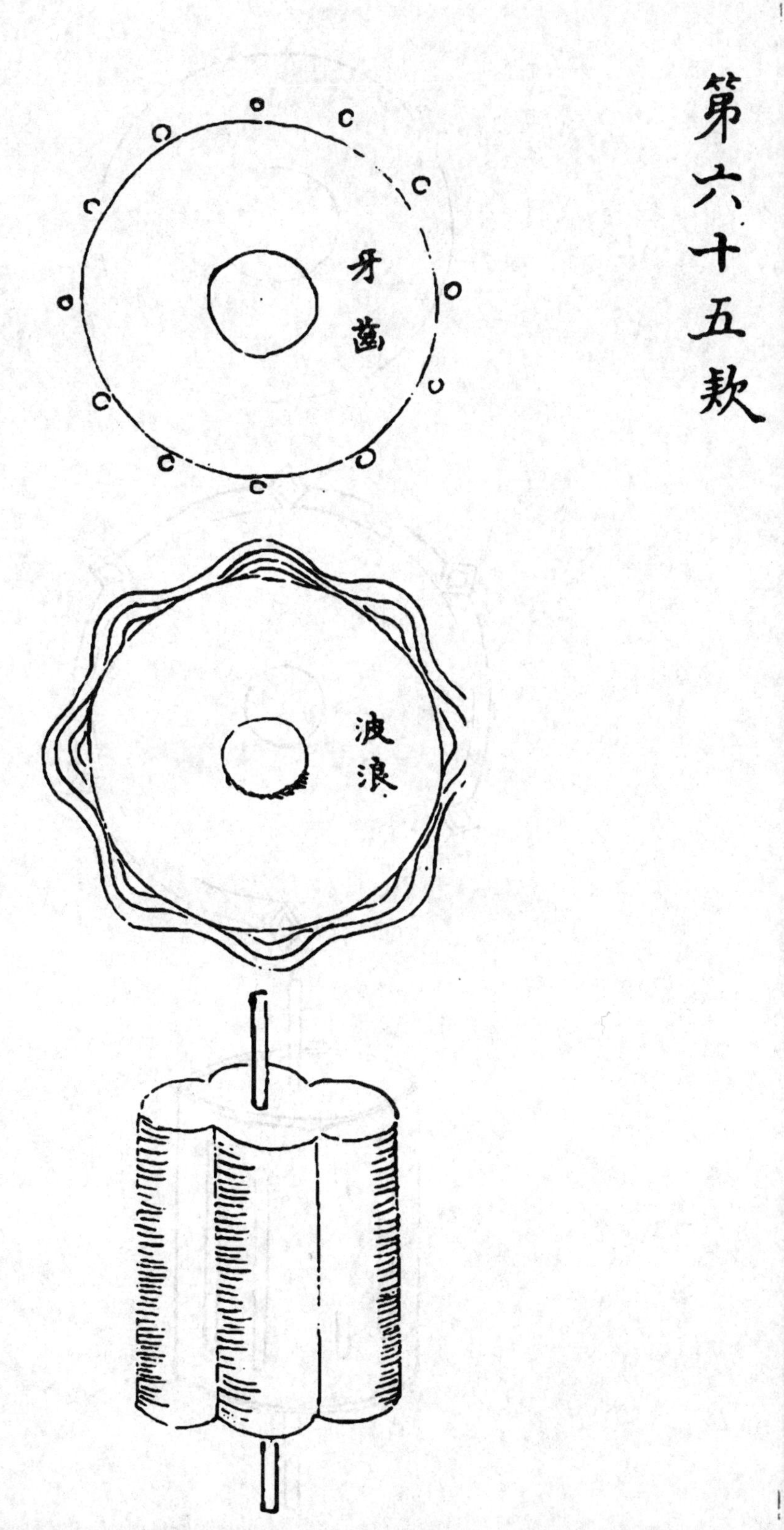

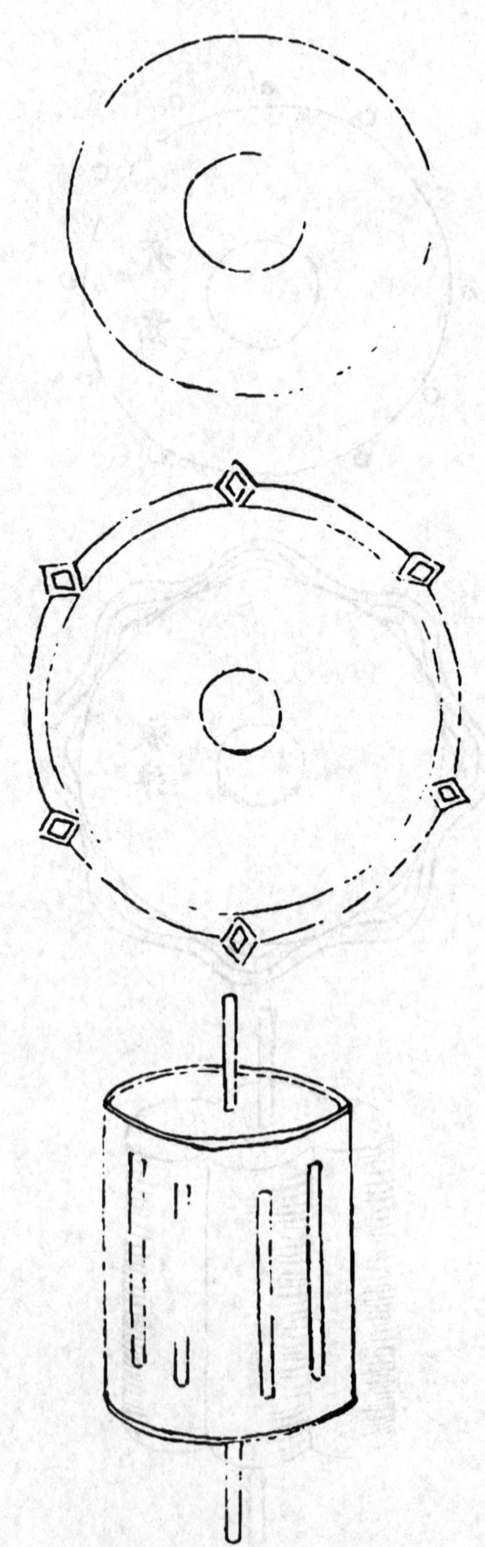

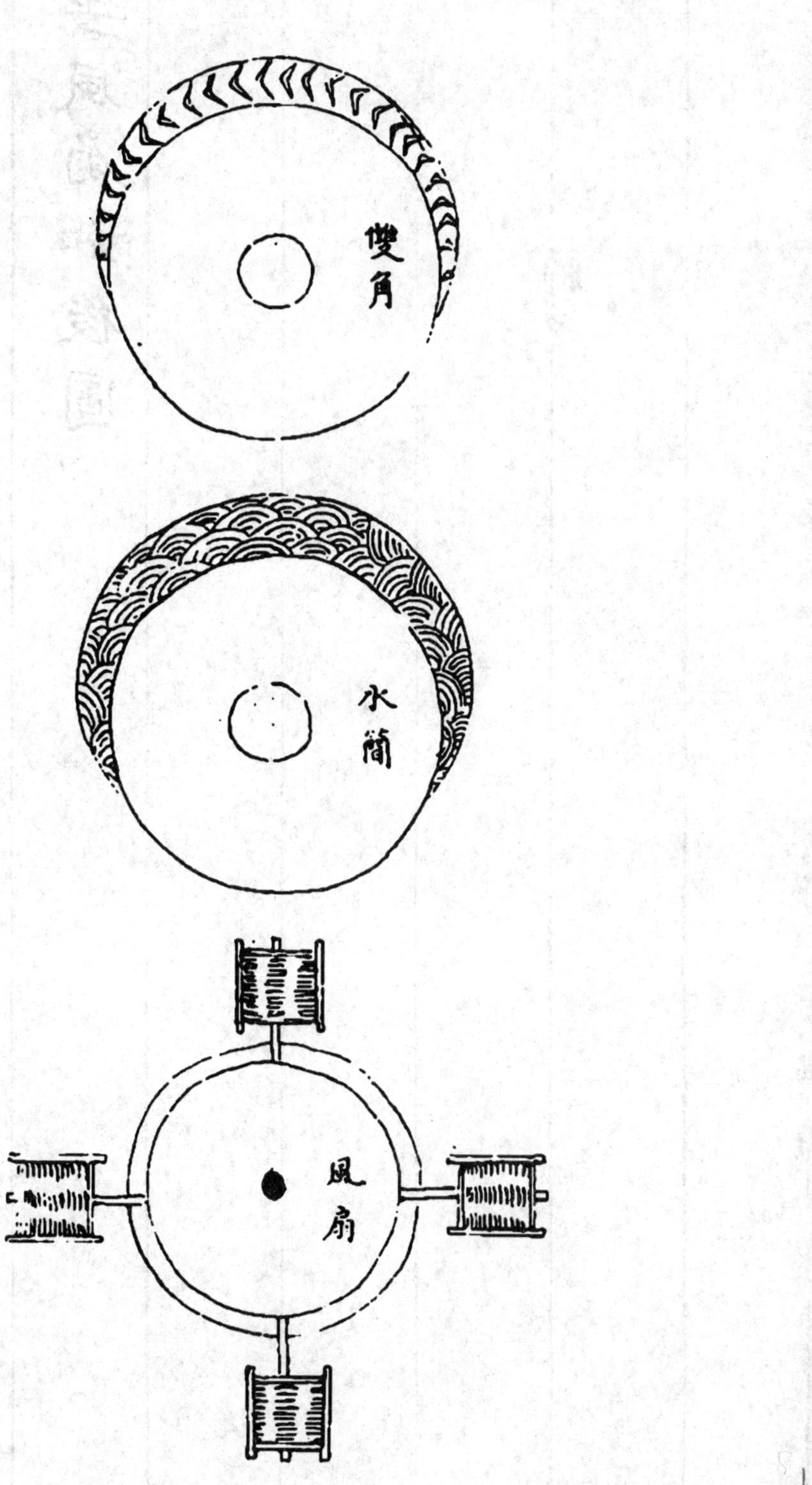

變角
水簡
風扇

論輞之物或牙𦛨或波浪或觚稜或光輞或輞外加板或輞是燈輪或周圍另安雙角或另安水筒或另安風扇如後圖

第六十六款

論軸有三或無軸止有軸眼滑車之類是或有軸甚細自鳴鐘之類是或圜圓廣厚以便轉索如轆轤之類是論輪體有板輪

第六十七款

論輪體有板輪有有輻之輪

第六十八款

論置輪位有平輪有斜輪有立輪

[illegible]

第六十八段

[illegible]

[illegible]

[illegible]

[illegible]

[illegible]

第十六段

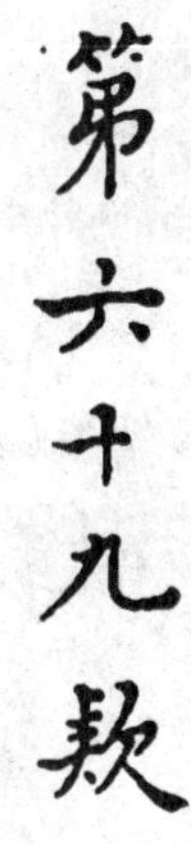
第六十九款

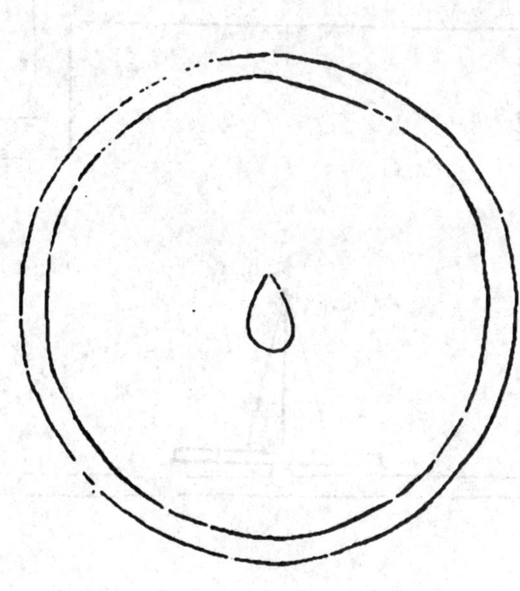

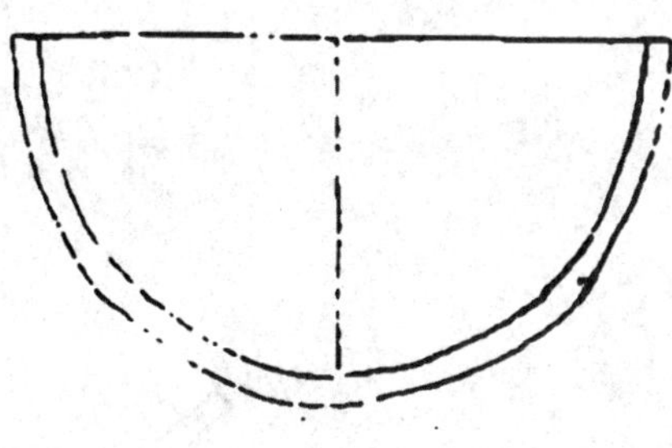

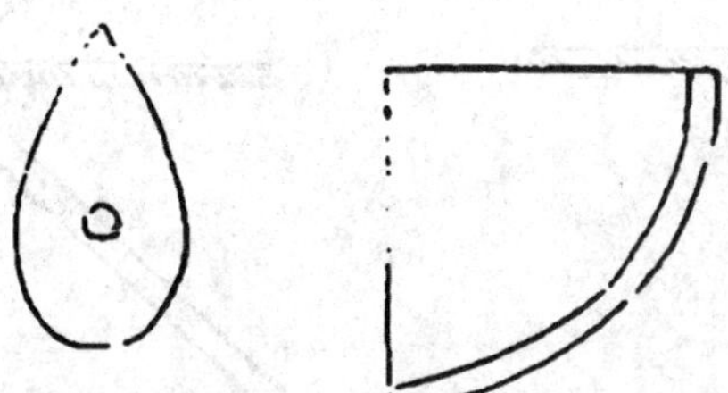

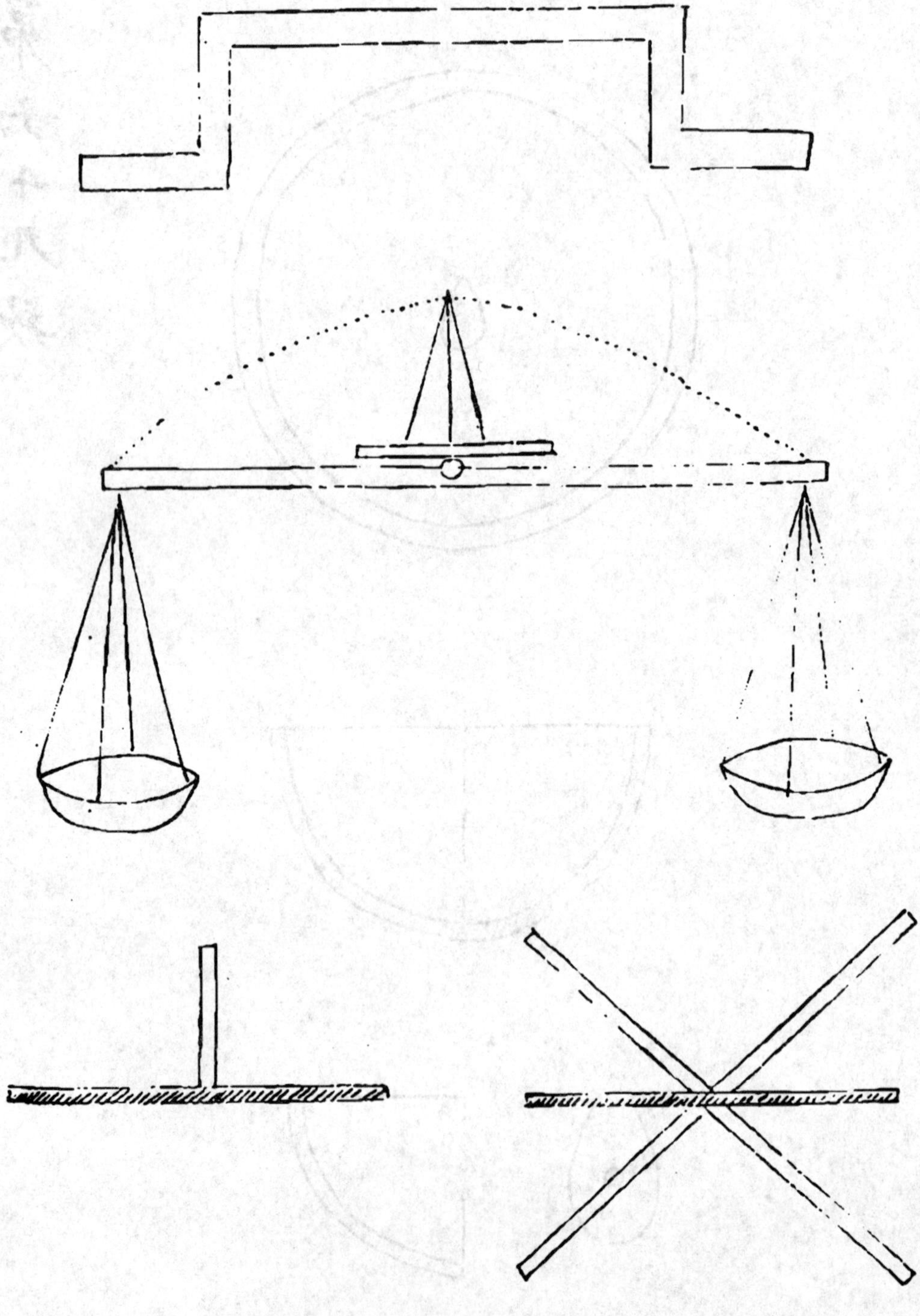

論輪之物有全有不全者或缺一或缺二

但有輞無軸無體如△若有軸其輞半輪如㔾或為

四分之一如乙或止一觚如∩但是一線或軸外為

柄如乚乚或軸中作曲柄如乛

有軸有體無輞其類亦多軸有一徑為天平如乇或

幾徑為轆轤如爪或止半徑一個或幾個如卜

第七十欵

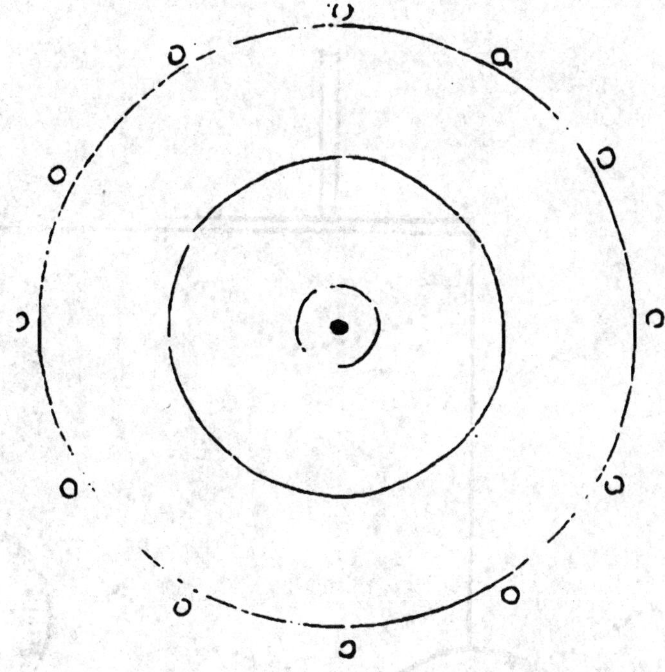

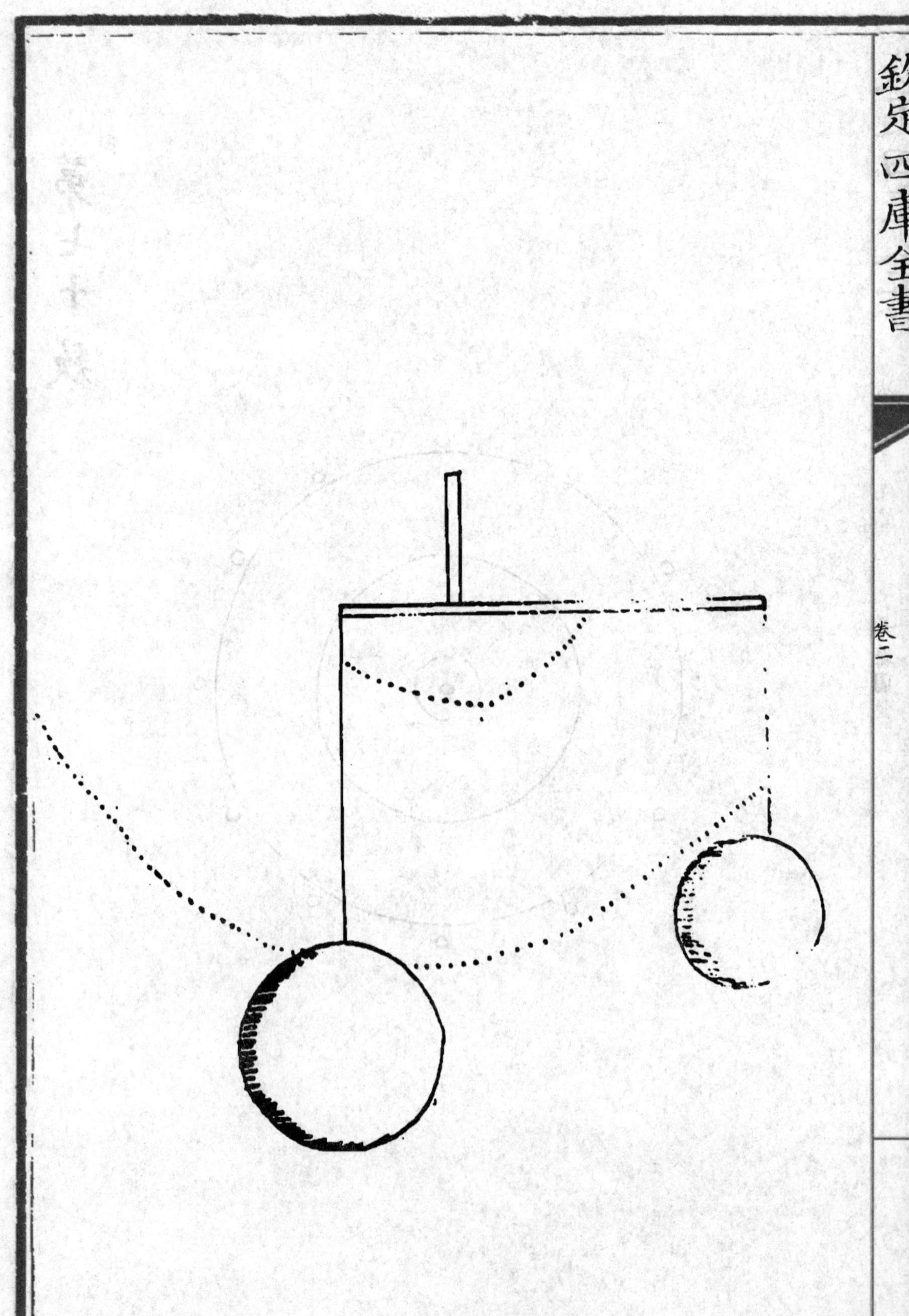

論輪之體有相合而為用

相合者有二種有全輪兩個在内在外者如㕥有不全兩輪但同軸有兩半徑而無輞如巳此皆相須為用者也

第七十一款

輪子所多用者有八種

一行輪　或人或獸行於輪内以轉他重

二攬輪　或人或獸在網外或推或曳

三踏輪　止是人用足踏

四攀輪　止是人用手攀

五水輪　水力激之而轉

六風輪　風力鼓之而轉

七齒輪　齒與他輪齒遞相傳

八飛輪　前七輪受力而不加力飛輪受力而又以己之重能加其力者也

藤線解第七十二欵

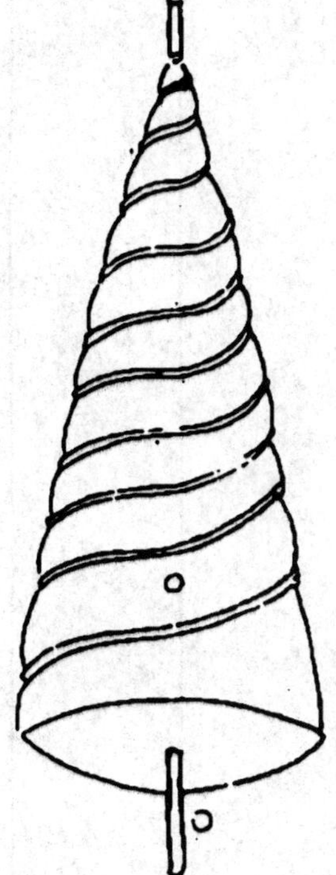

有線稜從圜體周圍迤邐而上曰縢線器如藤蔓依樹周圍而上或瓜蔓與葡萄枝攀纏他木皆是其類其象

第七十三款

藤線之物有三一圓體二圓體之軸三藤線如上〇為圓體其內有△ℓ直線為其軸外線稜周圍迤邐而上乃依賴于圓體并其軸者也

第七十四款

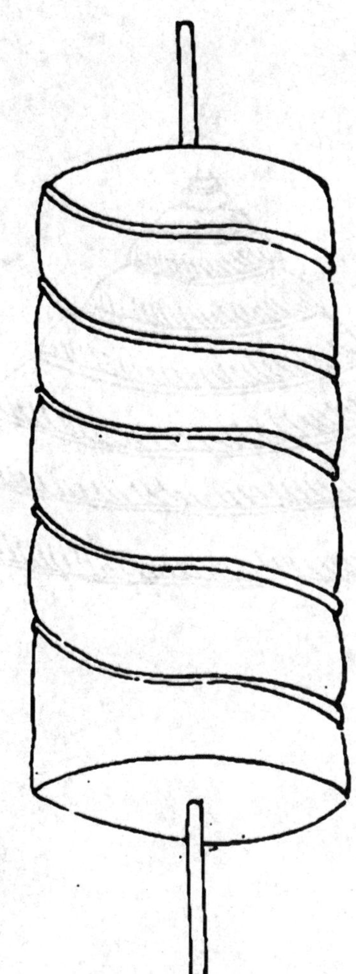

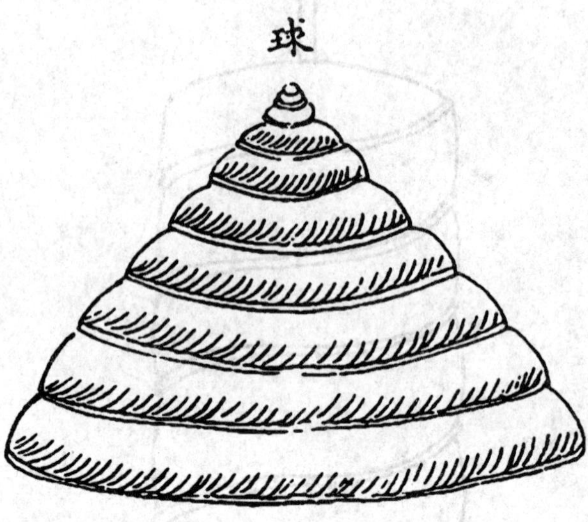
球

尖

藤線器有三類一柱螺絲轉二球螺絲轉三尖螺絲

鑽

蓋因圜體有三一柱圜二球圜三尖圜故藤線依賴而上遂成三類柱圜用以起重球圜天文家所必須至尖圜乃開堅深入之器工匠頗多用而此重學所常用者柱圜而已

第七十五款

前諸器皆有妙用而此器之用更大更妙何以見此器更妙於前器也為其用最廣其能力又最大耳假如水閘木重且長人力不能起者用螺絲轉則不難起又如長大木其尖為鐵入地甚深人力不能起者用螺絲轉則能起之又或欲壓有水有汁之物他重物不能壓即壓不能盡其汁與水者惟此螺絲轉為能壓之盡且令物之糟粕渣滓浮石不

能比其乾也西洋印書亦用螺絲轉故其書濃淺淡深曲盡欵畫之致至于定置諸物不拘銅鐵金木之器其釘一入便自安穩堅定又不費力抑且可開卸也況别器有大能力者須用長用大此器即最短最小無不可作器愈小而愈有能力可怪也試觀天象如日一年一周從冬至到夏至也只是一個球螺絲轉又如雨風陡遇盤旋擊搏即大木大石可挾而上又如波中洄漩之水能吸人物下墜草木如藤如爪

如荳如葡萄之類百種不一皆具此象海中水族如螺絲之類者不可勝數故此物最貴重南人以之作貝代金銀也此葢天地顯以大用妙用托示物象以詔人用者不獨運重之學不可離此即如人間日用繩索微物及弓弩琴瑟等弦之用匪此旋轉交結之法便不得成故其德方之前六器中此器為更妙也又況其製簡便長大者之堅固不待言即甚小者亦甚堅固而絶無危險所以亞默得常常多用此器葢

取其奇耳能通其所以然之妙凡天下之謡都無難作者矣細心之人不難曉解

第七十六欵

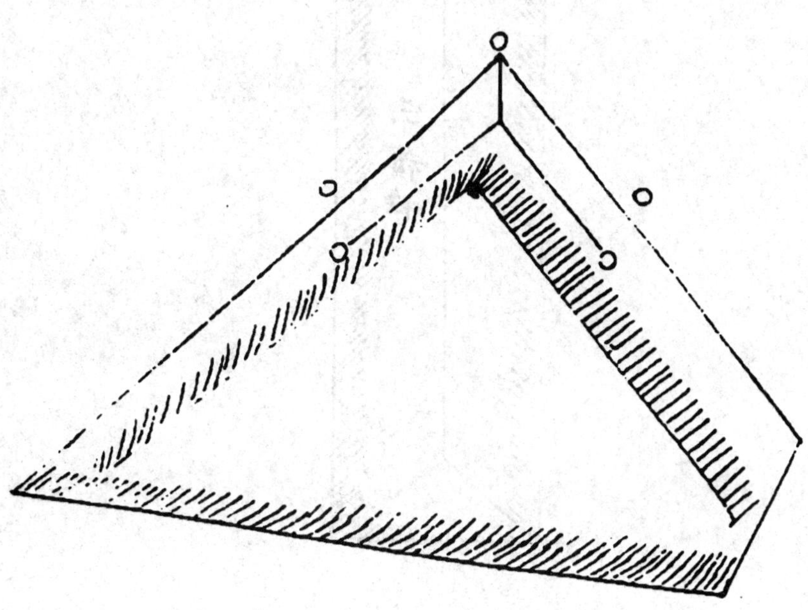

三稜柱

有立三角形其底與地平每交上各有一球平繫于鈎兩球相等右交與左交之比例為右球與左球之比例假如右交一半與左交所以右球與左球其位亦是一半其三角形兩旁為斜立面如三稜柱狀

第七十七欵

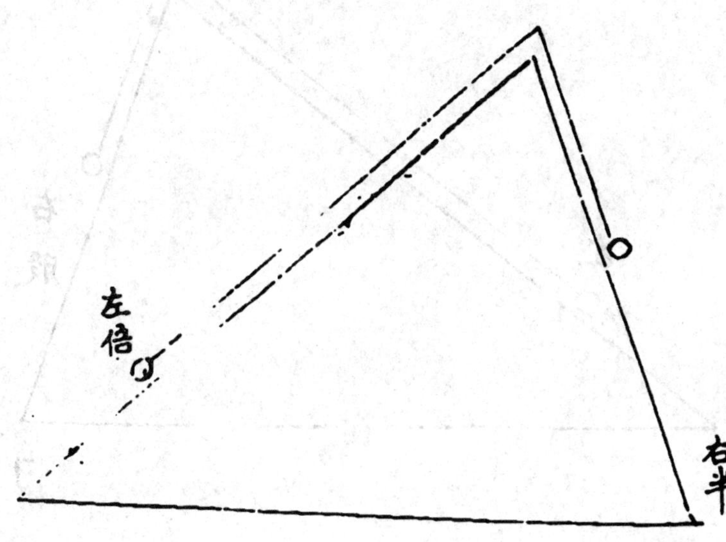

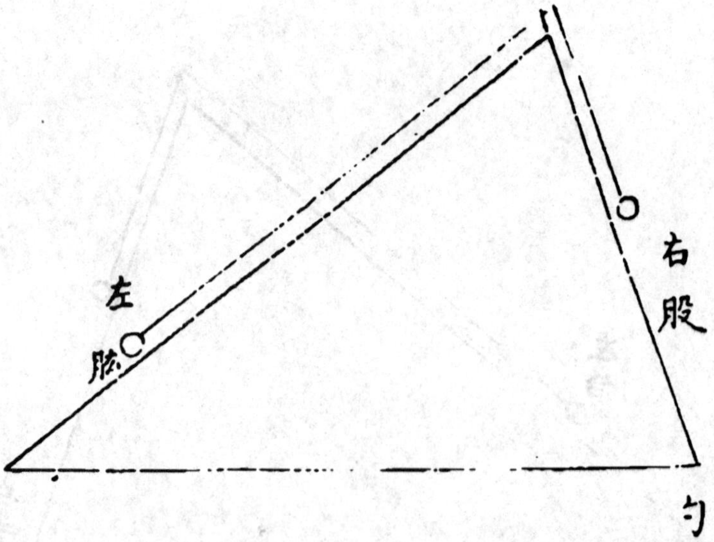

左
胘
右
股
勾

有立三角形其底與地平右交為半于左交每交上亦各有一球平係于鈎但右球為半于左球必定兩球為準等

若三角形下是直角形其右交左交就是股肱之比例等于右左兩珠之比例直立曰股斜行曰弦下底曰勾直立與下底相交即名勾股

第七十八款

有三角形同前但不繫于鈎依賴滑車而過垂重向下垂重與斜重比例亦是股與肱之比例鈎與滑車似不同類然重從鈎内過與從滑車之外過則同一行也故其比例亦同

第七十九款

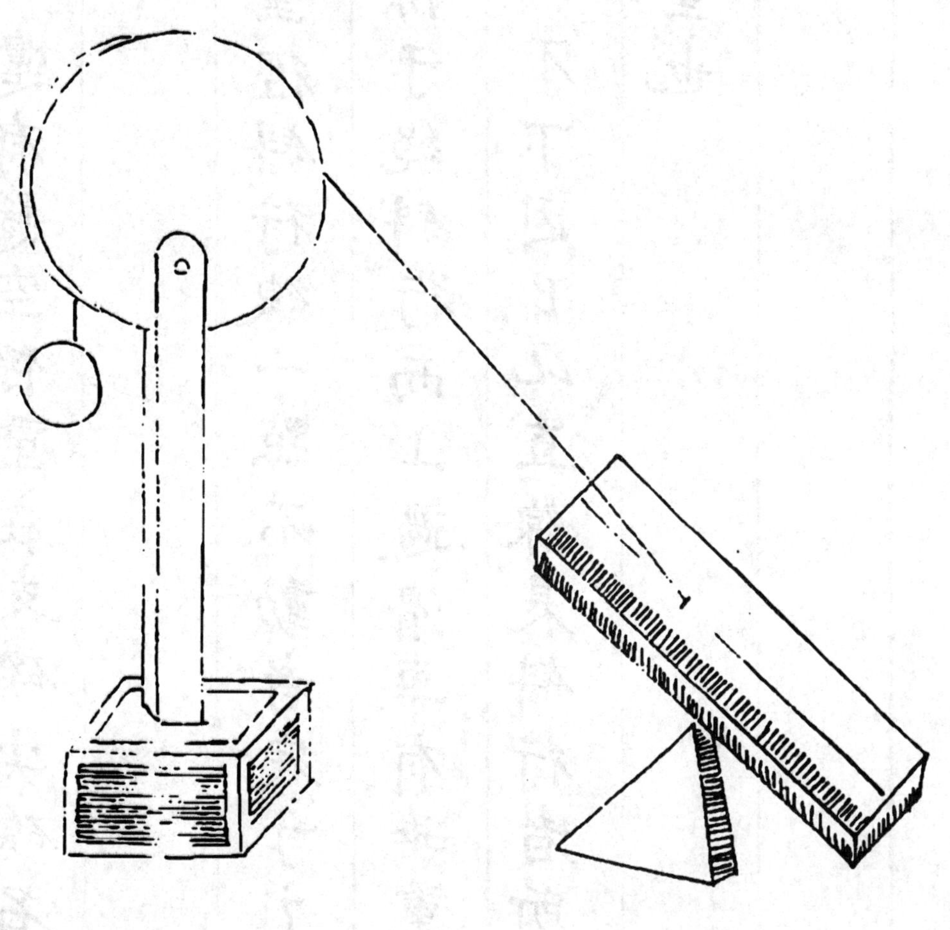

滑車一邉係重一邉有懸空係重在支磯尖磯名斜立重

假如Δ重板有重徑斜行線一點不動者定于乙支磯上一點如巳係于繩斜行而上過滑車有垂重為Δ所懸重板不上不下因巳乙直線是斜行者所以Δ重名為斜立重也

第八十欵

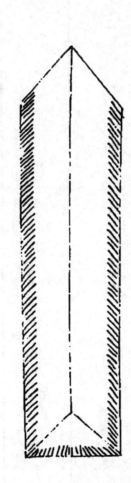

三角形兩旁兩重皆係于角上亦如天平等子之用

但其梁不是横平而是有角如後圖

第八十一款

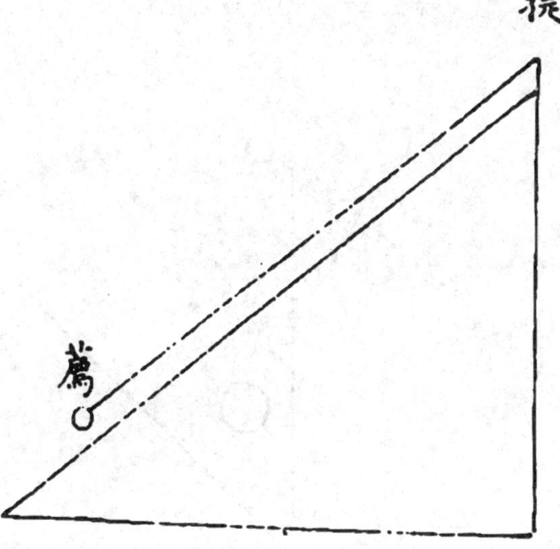

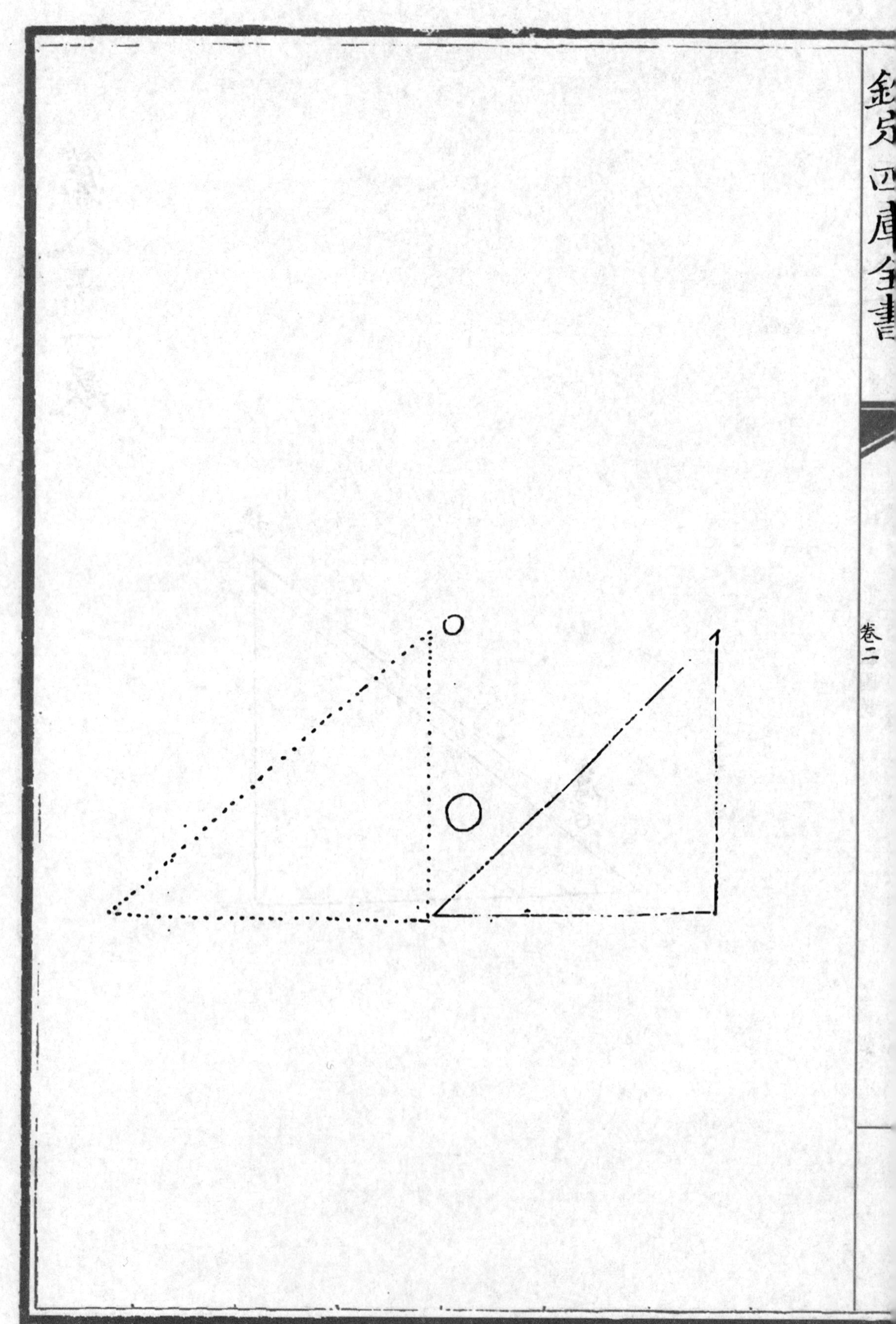

或從斜面上運重或用斜面起重理皆同

有斜面欲于其面運重或從面下遍薦重使之上或從面上遍提重使之上此兩者斜面不動或有重球在地將斜面尖斜入球下移進使重自上此又動斜面以起重法也其義與前二者同理假如上第二圖重球在地如Δ前有所阻如ℓ用斜面尖入球下如之用力推進其球自起至Δ矣

第八十二款

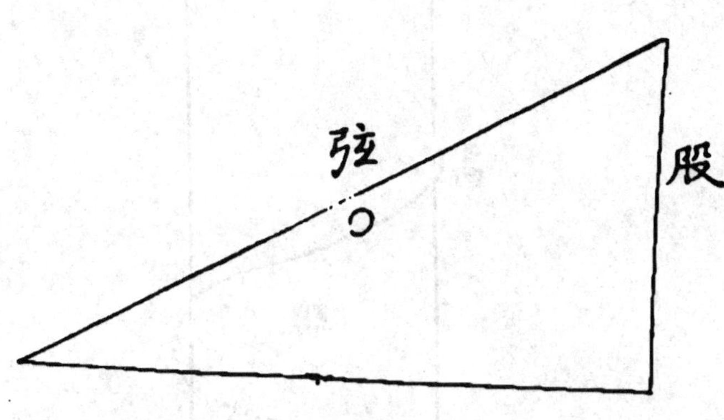

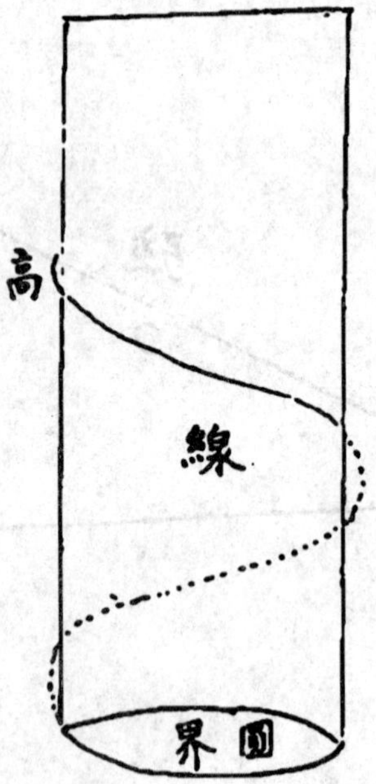

高

線

圜界

斜面轉行圓柱上即藤線形

用斜面形起重有不便者其體必長故也故即以斜面之長轉纏圓柱之上作藤線之器以約其長如上斜面△△之弦其體甚長與柱之藤線等股△乙與柱之高等勾乙之與柱之圓界等則知斜面必用長體而圓線迤邐而上不必長也

體而圓象斡運而上下以交也

木人吉兆也以之象於外一象合畫則由以居安

斜畫入○○三線上畫者其中爲一以陳象者東入○之斜

西人夫教圖本行工有系象人皆以然其表面上

用斜畫由以交寅有不貫書以體以交表向有政斜之人斜

斜畫轉于圓柱上甲出從象也

第八十三款

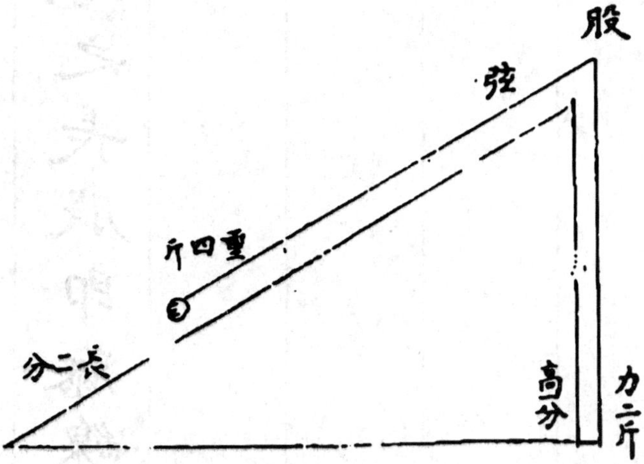

重與能力比例就是藤長與高之比例等

如上弦為二倍于股重依賴七十八觔亦是二倍于力令弦為藤線之長股即藤線之高所以與重之比例等

第八十四款

四斤

一斤

藤線愈密其能力愈大

假如上三角形藤線之長與前三角形等而股止一半之高則弦上之重四斤能力前用二斤者此只用一斤足矣

第八十五款

兩柱不等藤線高等柱大則能力亦大

假如乙柱小巳柱大藤線高相等而大柱之弦四倍于股小柱之弦二倍于股所以大柱四斤之重止用一斤之力視小柱四斤之重須用二斤之力者不同也與藤線密義同

第八十六款

藤線用力最省其費時必相反

藤線之弦二倍于股用力一半足矣但費時必二倍于垂線如上圖用力在△一垂重至乙一重斜至△一時用力乙重到△△重止可到巳再費一時方得到△然△重用力止可二斤乙重則須用力四斤所以用力一半者路必二倍故費時與省力相反也

第八十七款

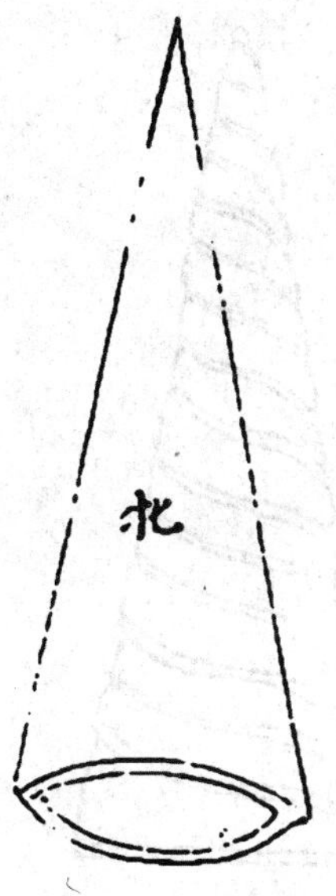

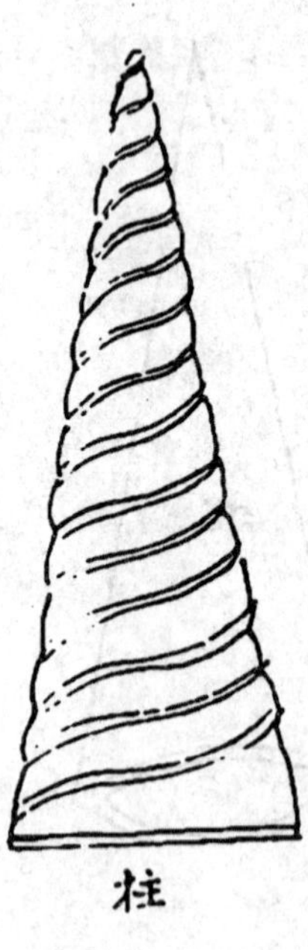

柱

藤線器之料有三鋼一木一銅一

以不致彎曲用鋼須要平滑一律無滯為妙欲其行之利宜用油油又可令其不縮也小藤線器壯者用鋼壯者可用紅銅盞銅與銅相合不致鎔溢故耳然大器則必用鋼而後可木須用堅已見前解

第八十八欵

柱

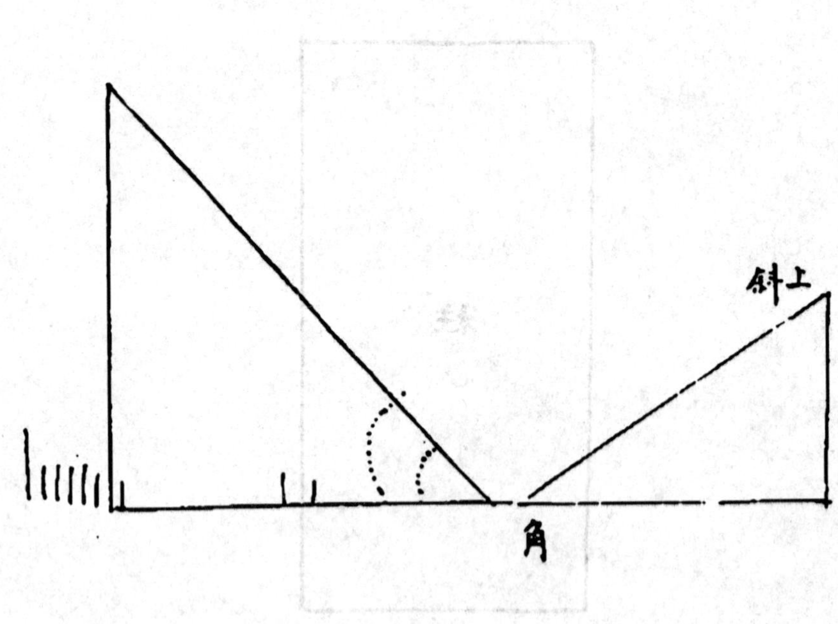
斜上
角

有柱徑亦有藤線之斜作藤線器

假如ㄙ之是ㄙ己之柱之徑亦有角定藤線斜上之形要作藤線之器法曰先打直線ㄙ至ケ用規矩取ㄙ之柱徑之長按直線ㄙ之等于徑要三個再加七分之一為乙乙△就有ㄙ己之柱之圓界又用規矩從ㄙ之處作一角形等于斜角形△上打垂線遇角上斜線至己就有三角形ㄙ△為柱底圓界一周則ㄙ己為藤線之一周矣移ㄙ角之尖到己接轉而上可

至無窮

第八十九欵

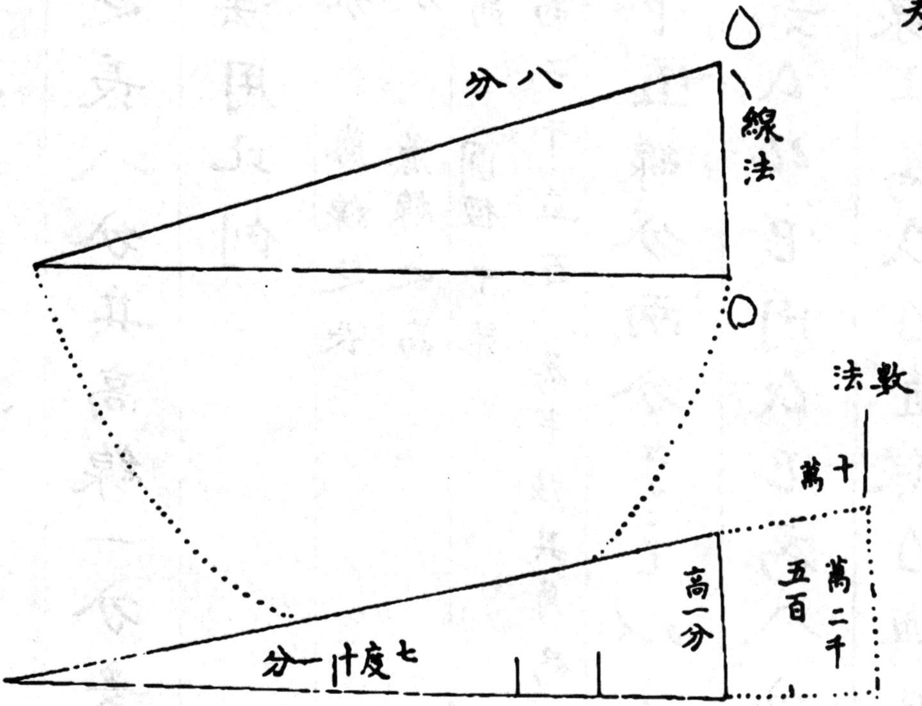

有籐線高線之比例求其角

假如籐線之長八分其高線一分要求其角有線法

有線法數法用比例

一　八分　籐線之長

二　一分　籐線之高

三　十萬　圜徑半界

四　一萬二千五百　為半弦其角為七度十一分如所求

線法有乙巳直線分兩分于辶以辶為心以乙為界作半圓形如乙己巳因乙巳為八分取一分從乙到𠃋在圓界線上為乙𠃋直線𠃋與巳作直線則乙巳

△角如所求

第九十款

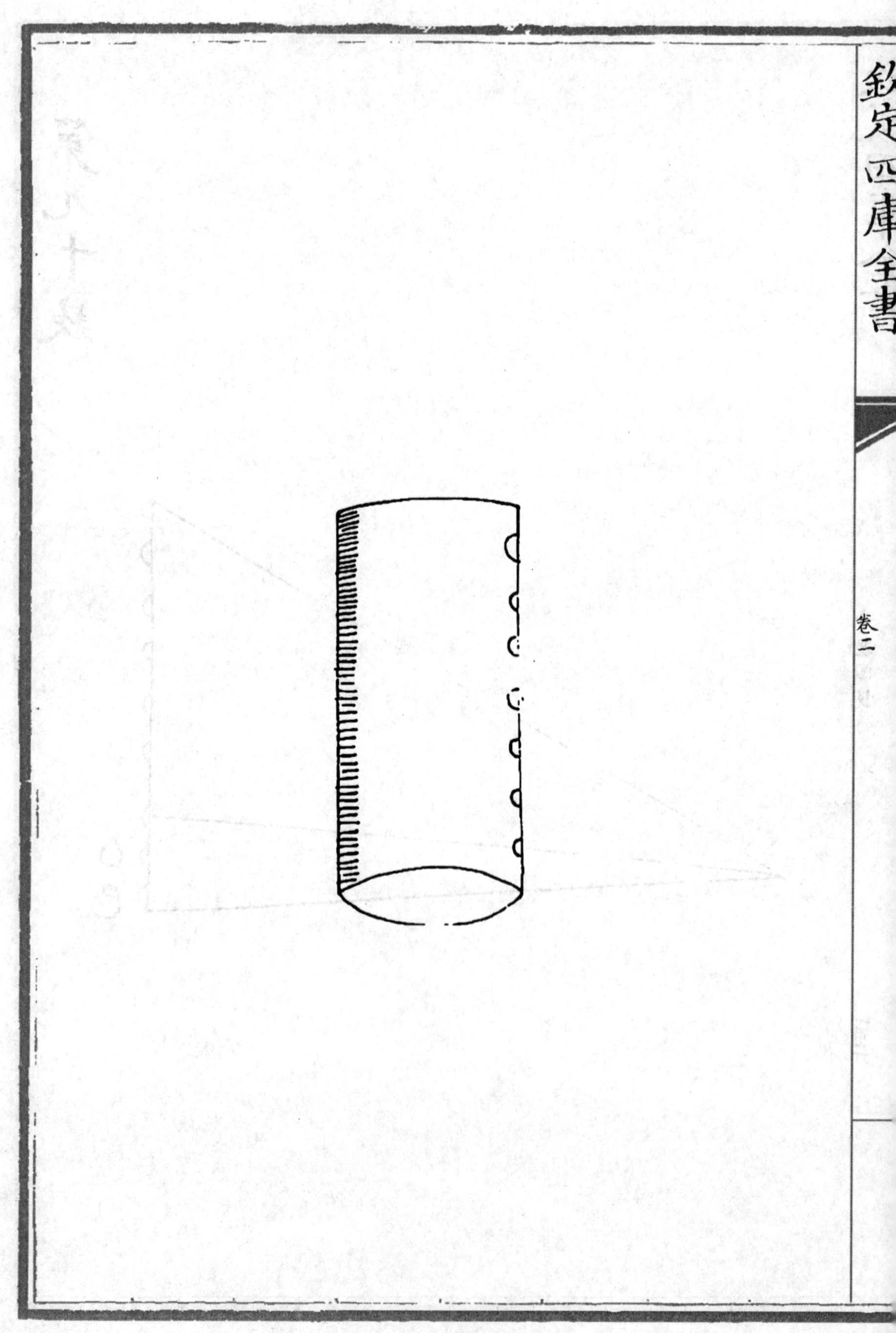

有藤線之器求其角

有柱徑三分其高八分周要知藤線斜行之角法曰以柱徑求其圓界為已之上打垂線等于柱高分八分已△為一分從△到打直線就得已亠△角如所求更有約法若從已亠線上打垂線其高等于藤線一周之高為已△相連于亠亦得所求

第九十一款

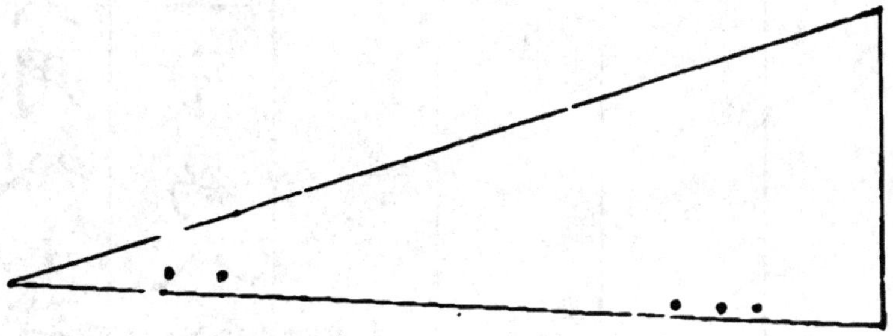

有藤線器求其力

如用上法得其角矣用八十四款比例則得所求如上圖△△一分△至讠為八分則八分止用一分之能力矣

第九十二款

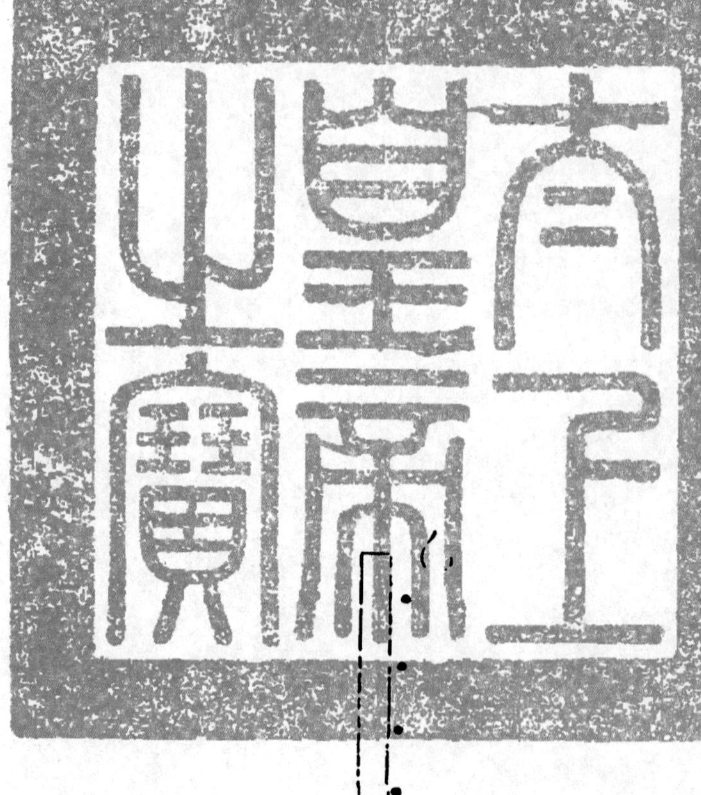
太上皇帝之寶

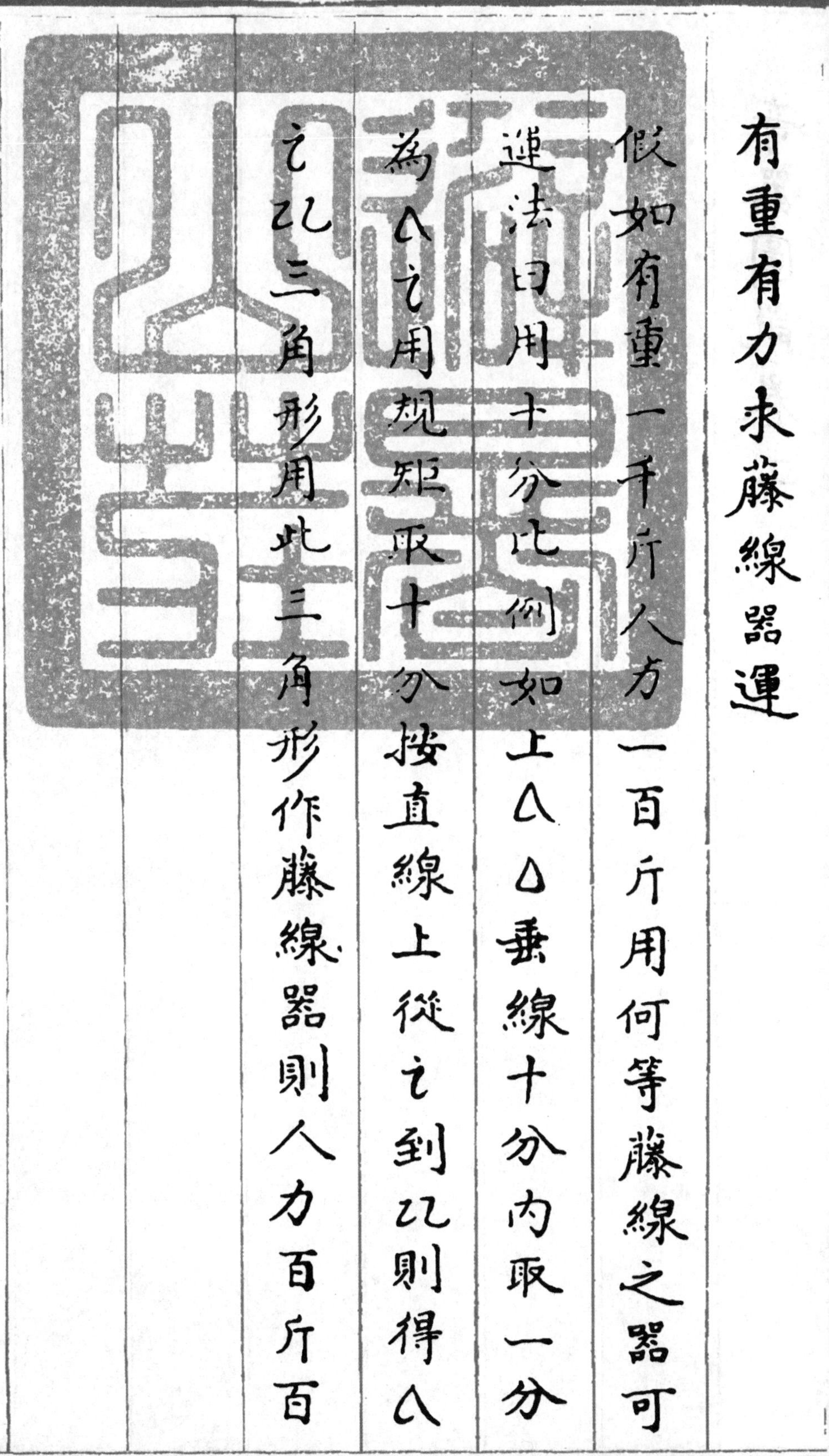

有重有力求藤線器運

假如有重一千斤人力一百斤用何等藤線之器可運法曰用十分比例如上△△垂線十分内取一分為△之用規矩取十分按直線上從之到乙則得△之乙三角形用此三角形作藤線器則人力百斤百

奇器圖說卷二

欽定四庫全書

奇器圖說卷三

明　鄧玉函　撰

起重第一圖

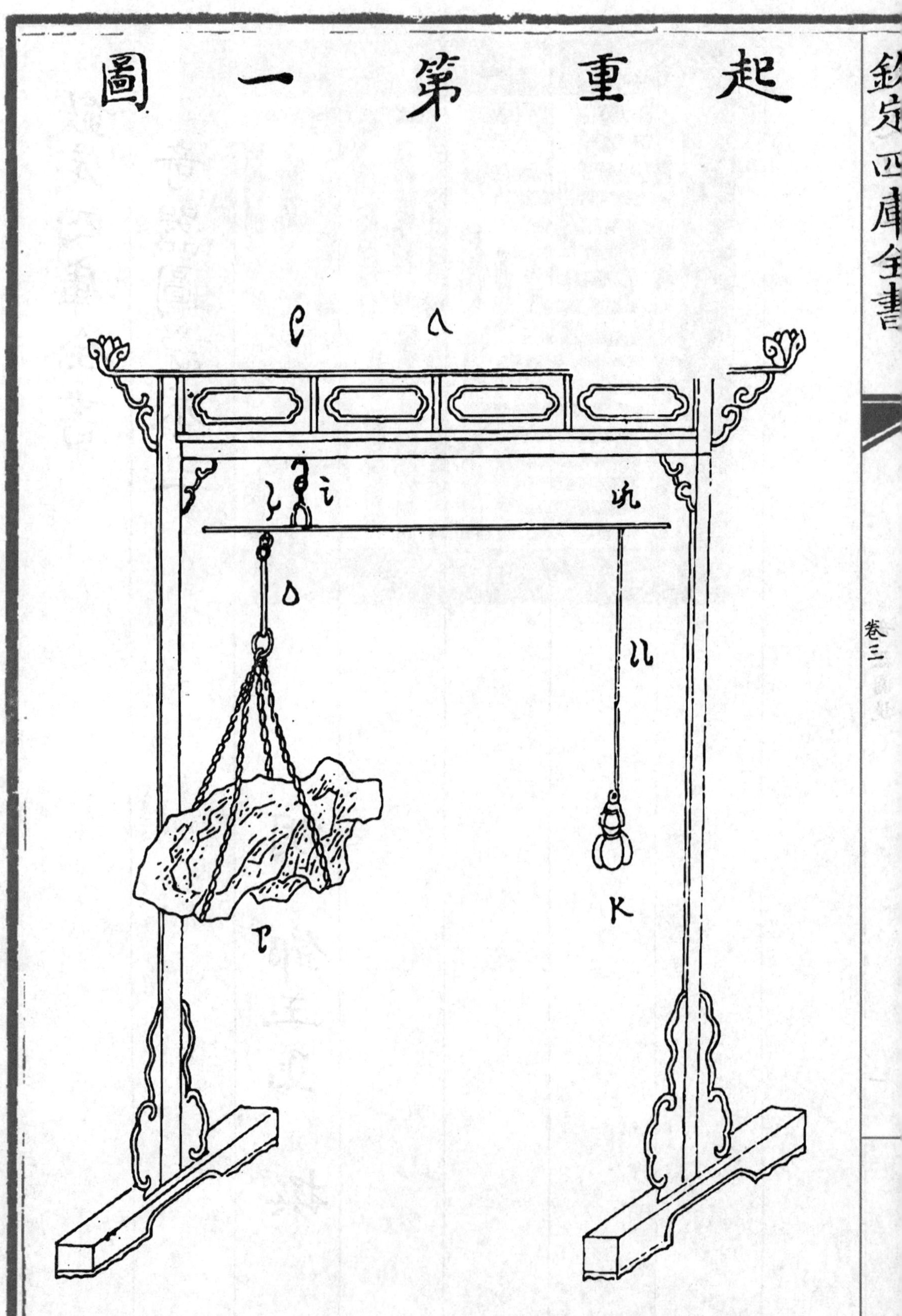

起重

說

假如有石重五百斤欲起之使高先用立架一具如圖中之△次于横梁之繫繫秤之索如之秤頭之△為舉重之索秤尾之ㄴ為人墜之索秤杆長十有一尺秤頭至ㄓ為一尺秤頭過ㄣ至ㄅ為十尺K為人力巳為石重夫△至ㄣ既為一尺是為一分△至ㄅ既為十尺是為十分以十分而舉一分故一人之力可起五百斤也

第二圖

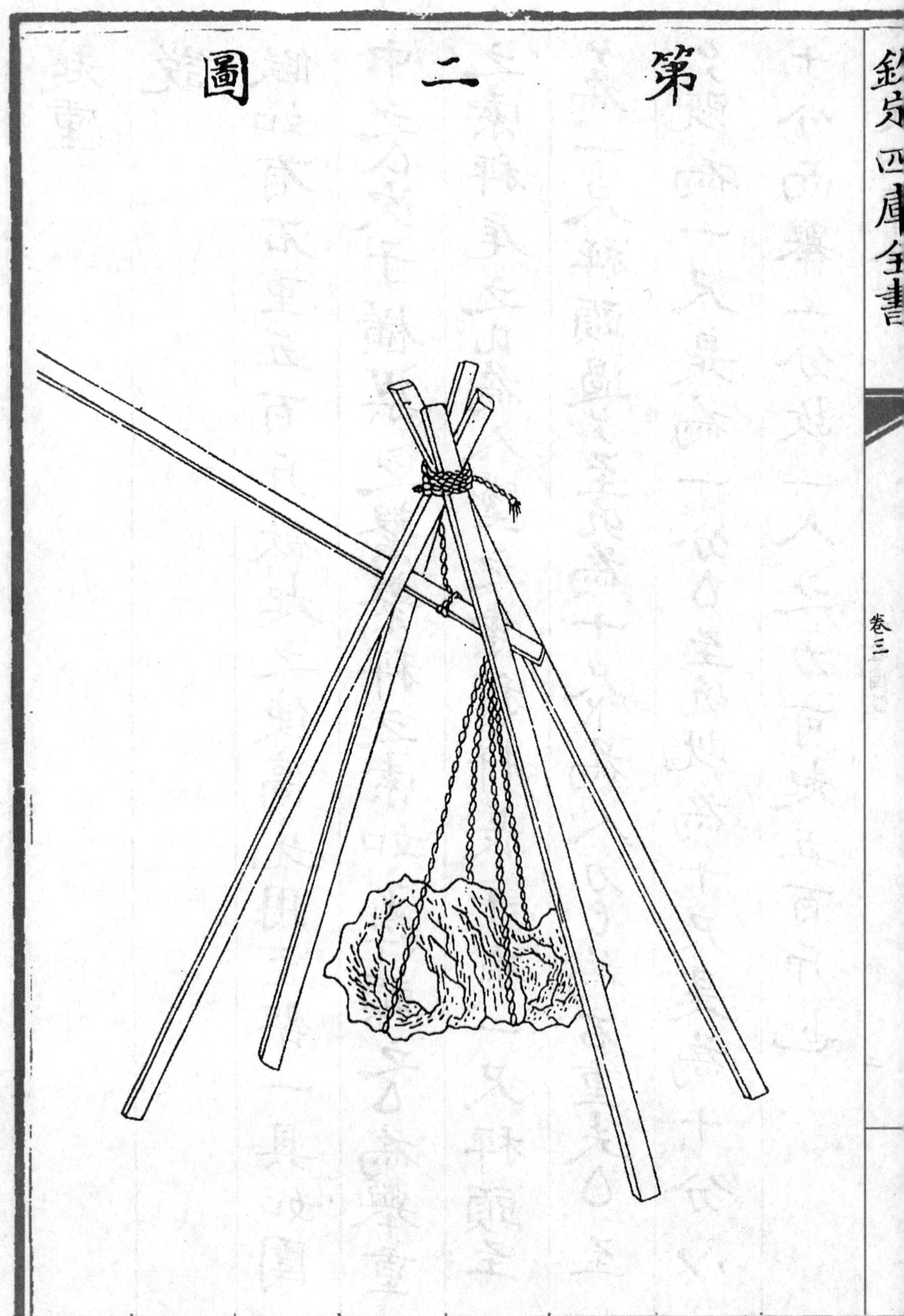

說

假如途次猝無立架止用直木三根或四根以索緊縛一頭豎之三根作三足形四根作四足形以秤杆中心繫索繫在上端中央以秤杆前端一尺者繫重物以後端十尺盡處繫人用力之索更便也

第三圖

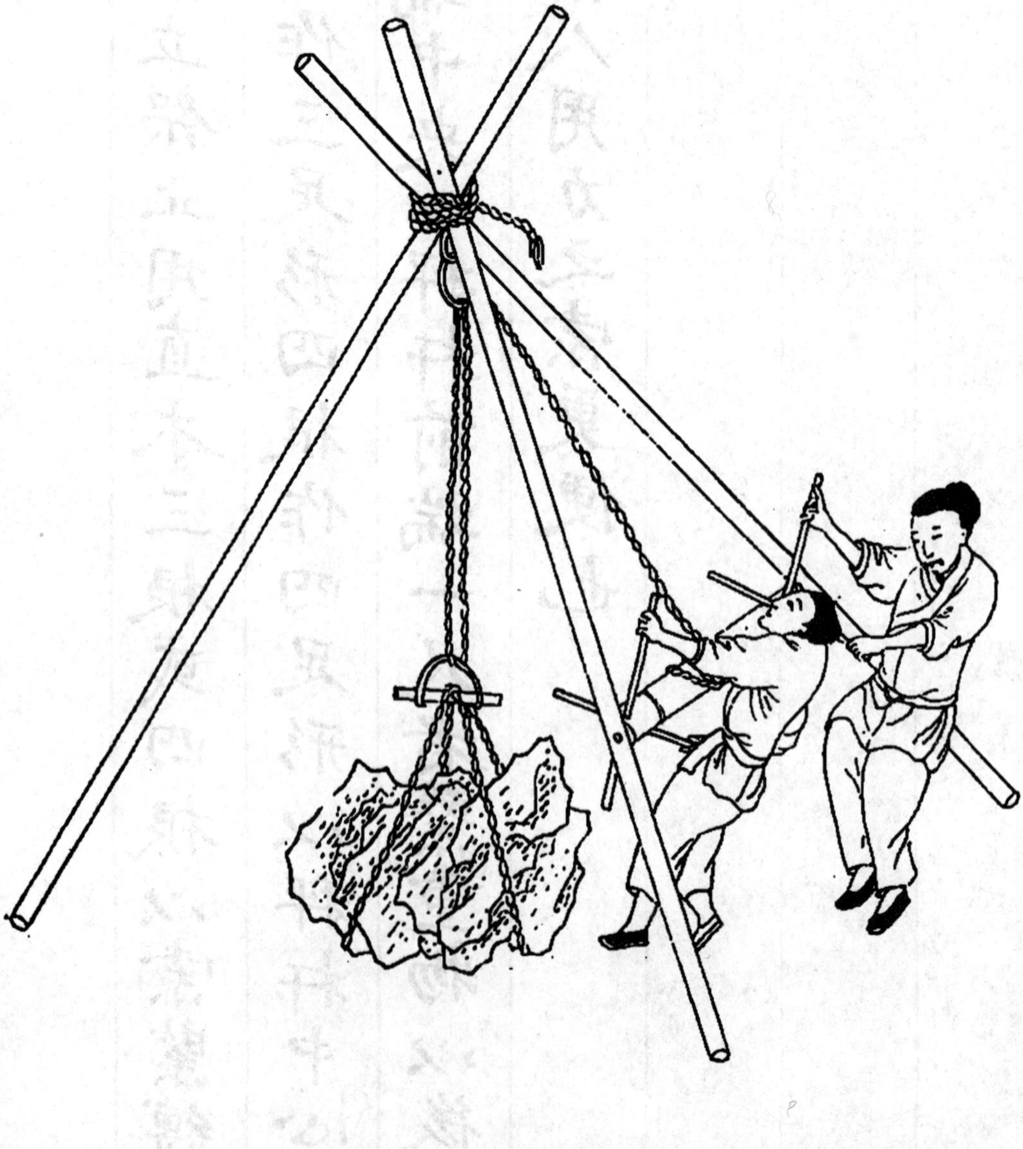

說

假如有石若干重欲起之先作三作形立架上收下開上端收處平安短鐵横梁梁上繫滑車一具下繫滑車一具緊鉗石上用索一端從上滑車轉垂而下即從下滑車内轉輪而上復過上滑車而下或即用人力曳之可矣如石太重則滑車上下各加一具或加二具亦無不可愈多愈輕人力愈可少也如石仍太重難起即於兩豎架上安一轆轤在内轆轤兩端各十字相反安四椿木用人力轉其滑車内所轉之索更便且力甚勁也兩法總具上圖中

第四圖

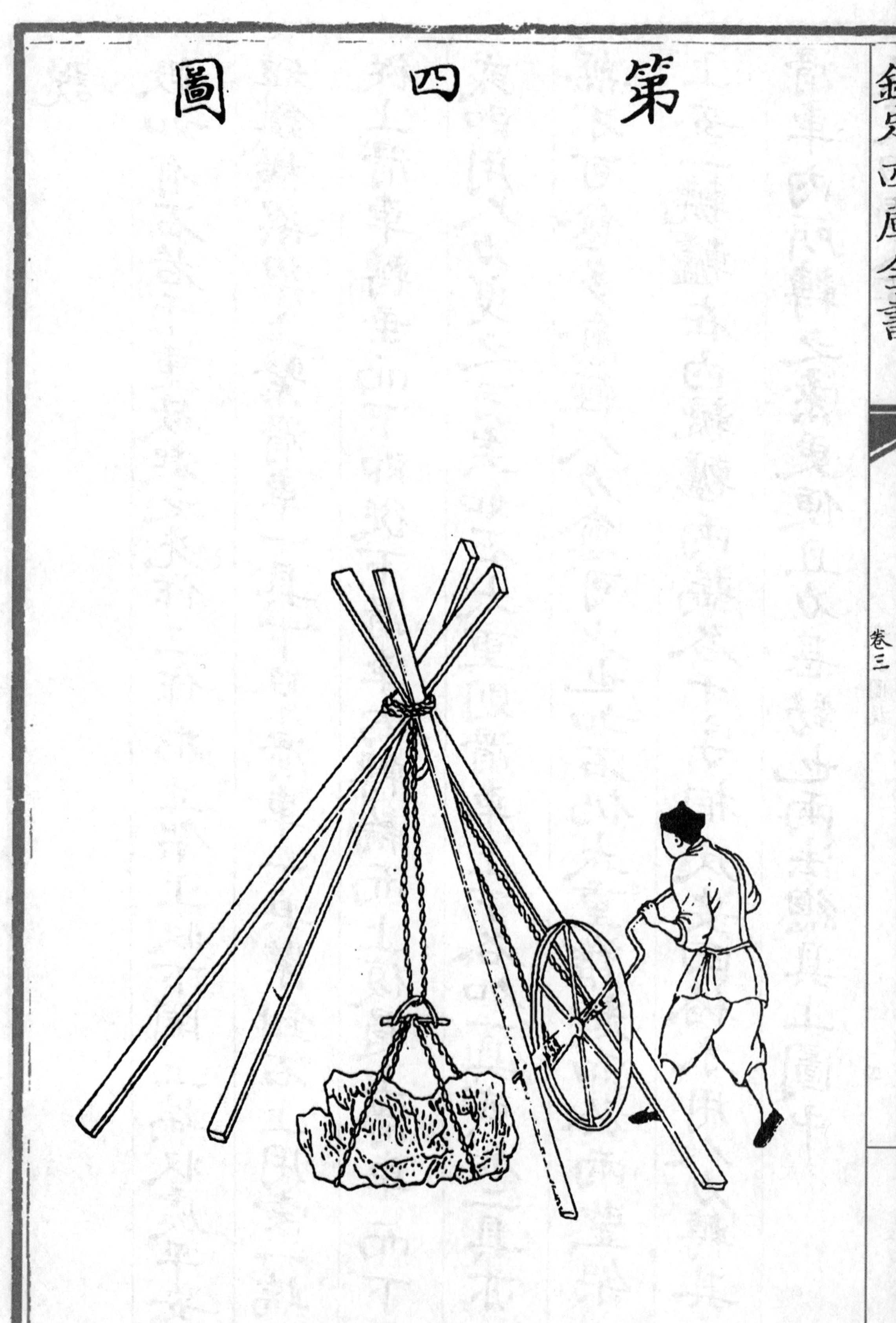

說

假如有石太重即用六滑車并十字轆轤法仍或不起則以轆轤改作大輪如上圖用人轉輪重可起也

第五圖

說

假如石爲鉅重難起即用六滑車幷轆轤攺作大輪矣或仍不起則從旁再置一架平安十字大輪用四人遞轉架上立安大輪所轉之索其力愈大斷無不起之理矣

第六圖

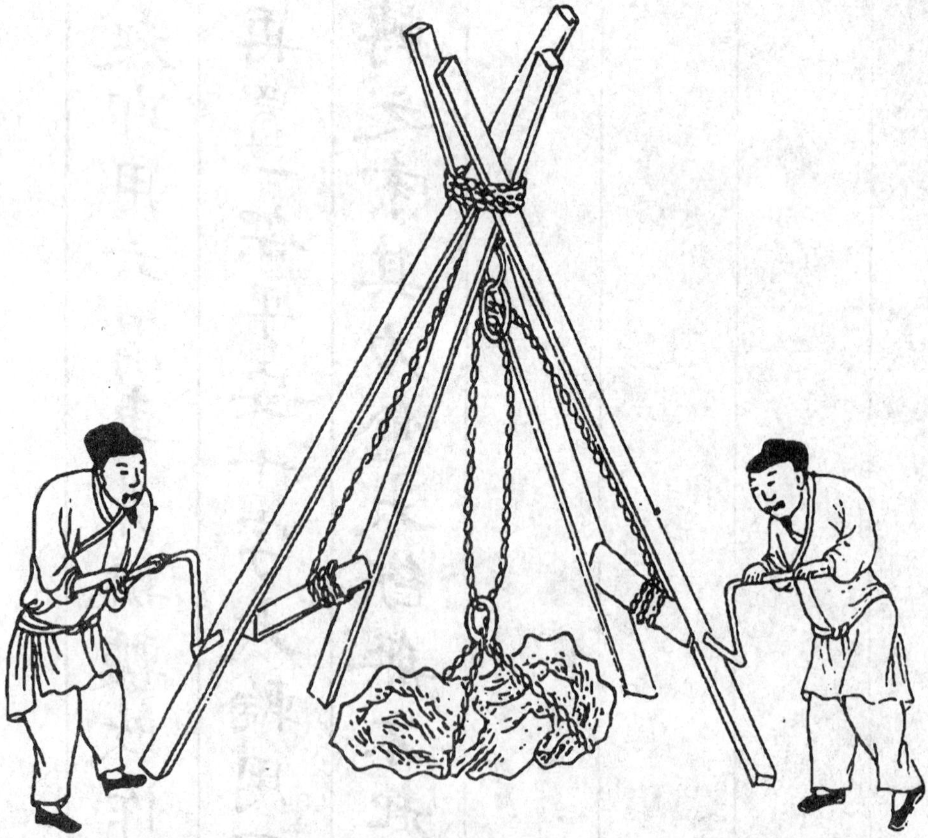

說

假如照前有四足架上用滑車繫其重兩傍架上各安轆轤一具其轉轆轤之柄却在架外繫重兩索俱從滑車上轉垂而下分纏兩轆轤上以人力各相轉動重自起矣

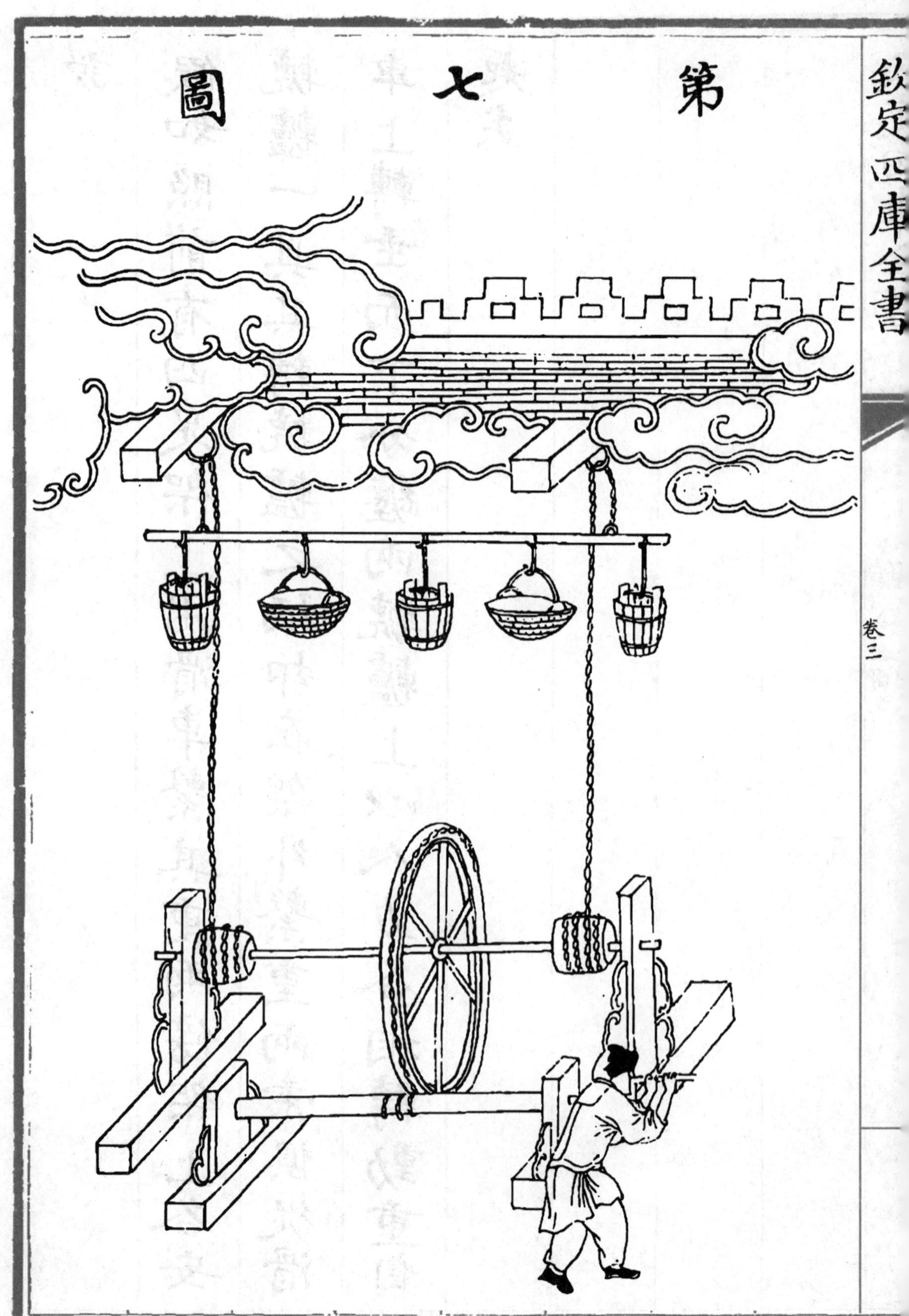
第七圖

説

假如作屋作墻起運磚石泥土之物即不大重然或桶或框一人可運五六框桶其法上用夜叉平架兩頭各安滑車一具每滑車貫長索一根其兩索各一端定縛長杆一根將所用框桶諸物鈎懸杆上下用兩轆轤各將前垂長索一端繫定安置架上如物力不大重不大多則人轉轆轤足矣倘物或大多太重則于兩轆轤中而更安一大輪大輪另有索旁繫一轆轤上其轆轤另是一架一人轉此單轆轤曳動大輪之索則雙轆轤自轉諸物俱運上矣

第八圖

說

用一長架有横桄如梯狀兩頭各安兩立柱下端安一滑車様大棡轆上端安一轆轤但轆轤之製分作四分如南爪辦様其中相架梯長短作戽子不拘多少一如水車戽子之製戽子中實以土泥諸物一人用力轉動上端爪辦轆轤則諸戽可以流水而上矣

第九圖

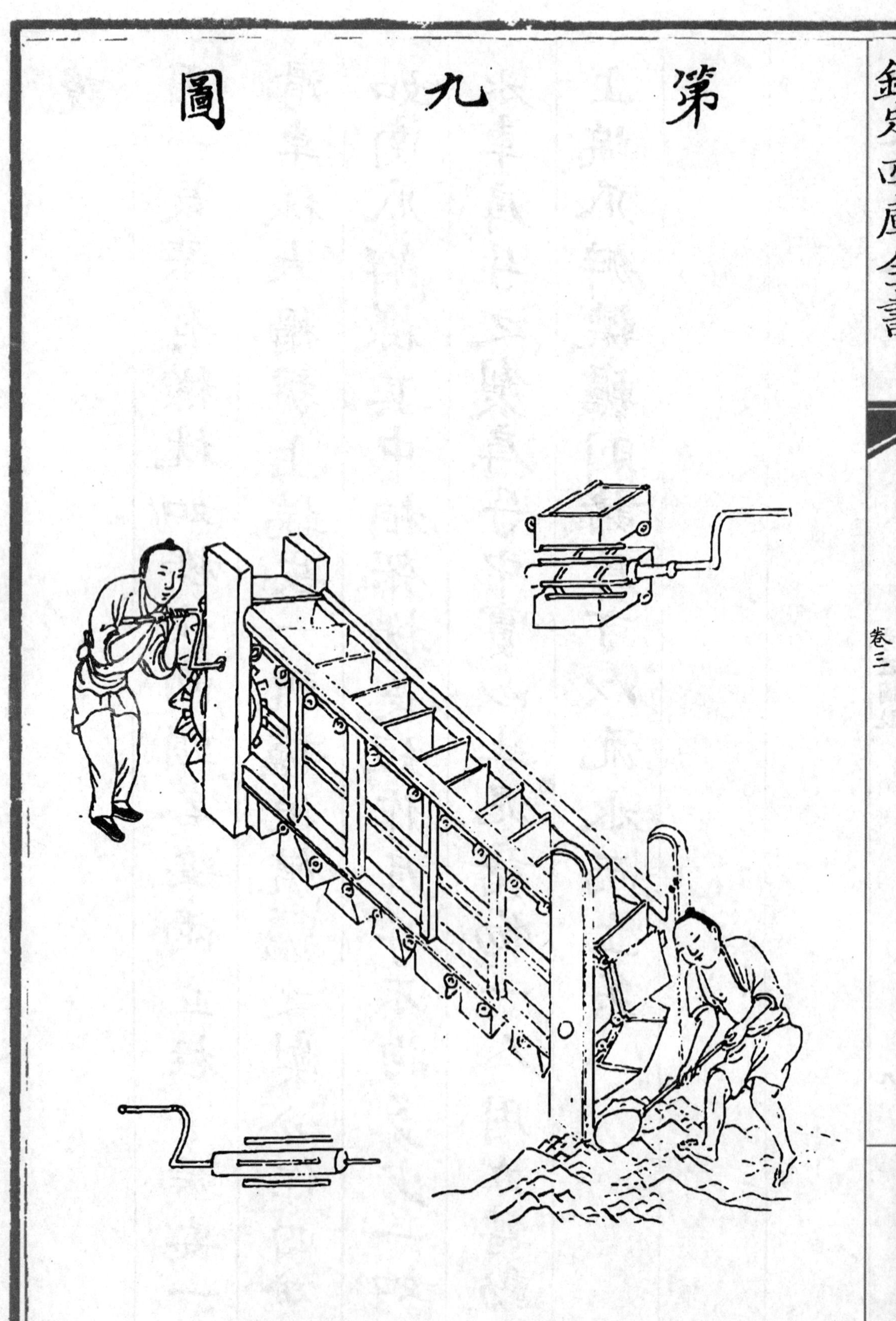

說

長架同前或不用犀牙止用桶相聯而轉上用螺絲轉法如上圖亦便

第十圖

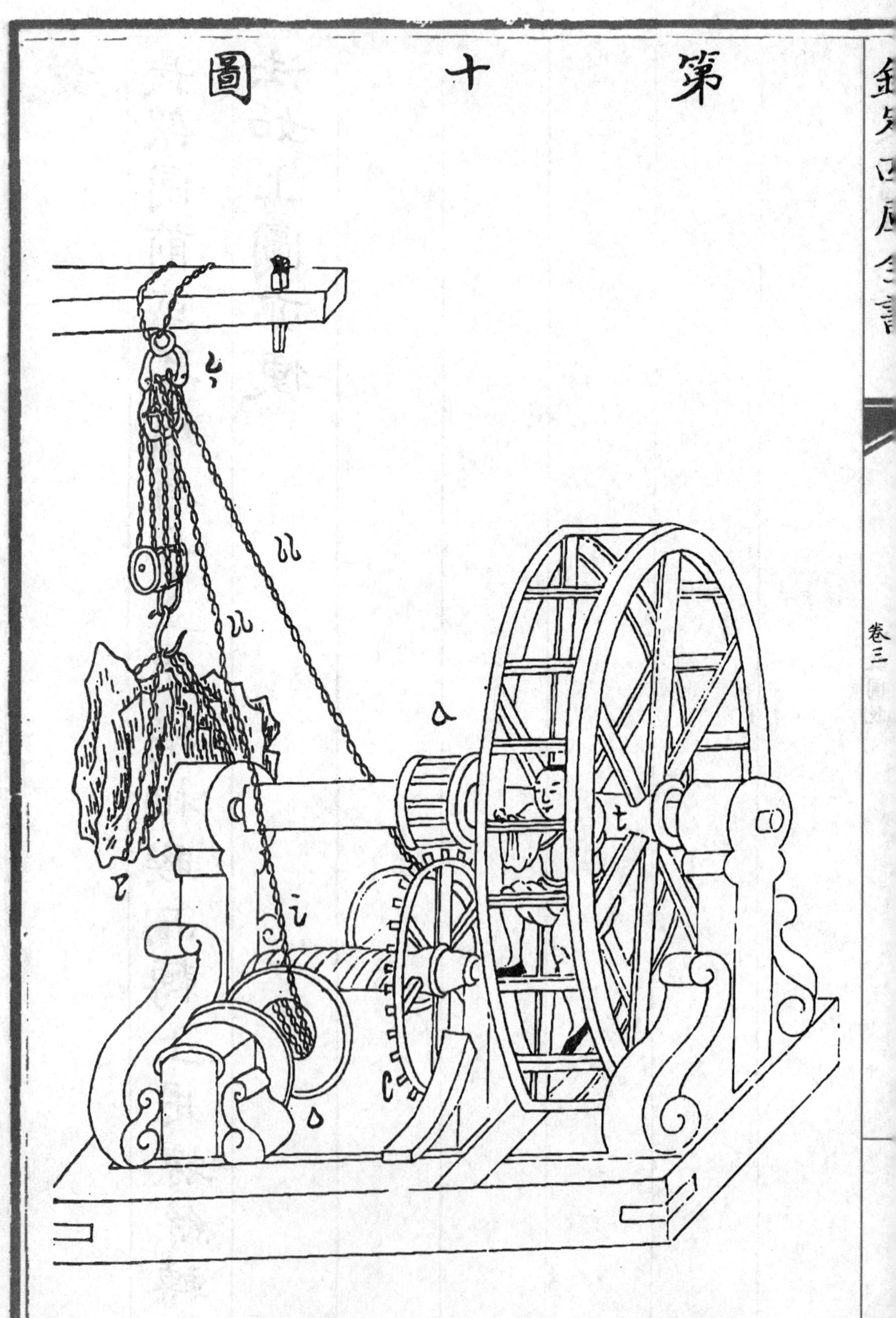

說

先作一行輪行輪者人從輪中行而不止以動他輪者也行輪本軸安銅輪有齒如乙以轉有齒大輪如己大輪本軸則有或銅或鐵螺絲轉如乙其乙螺絲轉際靠亦是螺絲轉如〇但〇螺絲轉大于乙螺絲轉數倍為北而乙乃其壯耳〇螺絲轉兩端各繫起重之索如儿其索各上繫于傍架滑車如〇上端滑車並懸兩旁兩層共是四個如犯下端滑車並懸兩個如卞有重石如乙繫置滑車直晉至北螺絲轉兩端則以一人如七行于大輪之內而石自起矣

第十一圖

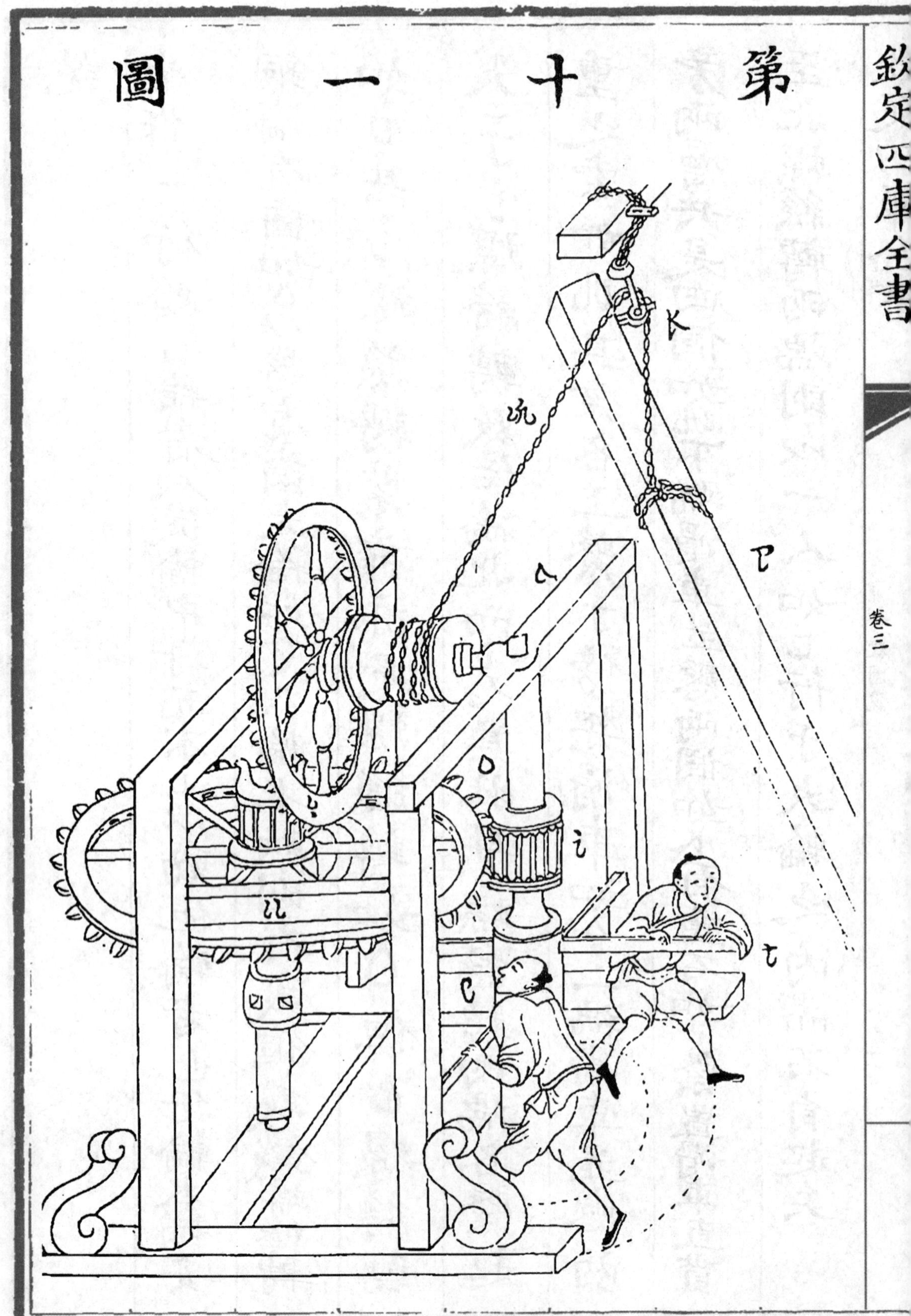

說

先作一人架如厶次作一十字攪輪如㔾上安小輪周有長齒如乚安架之一邊於對邊架上安大平輪周有齒與小輪周之長齒相合如〇大平輪立軸上端亦安小輪齒橫安如儿又於架之上橫梁中安一大輪有齒與立軸小輪橫齒相合如乚即於橫梁大輪軸上繫起重之索一端如氿其一端從架上別安滑車上轉貫而過如卜直至於重如卩以人力各攪轉十字輪如七則重起矣儻滑車平定一遠架上又可作引重法也

引重第一圖

引重

說

先為方架如a次用轆轤一人轉之如b但此轆轤如爪瓣樣有六齒緊靠轆轤齒立安大輪輪周有齒與轆轤之齒相合如c大輪之軸斜安鐵螺絲轉如d際靠此螺絲轉竪一立軸軸下端亦平安斜鐵螺絲轉如e上端安小輪有齒如f小輪際靠有平安大輪如g周有齒與小輪齒相合大輪同軸下端有小滑車如轆轤狀上纏索三迴如h以一端繫重以一端用一人曳之如i則重行矣

第二圖

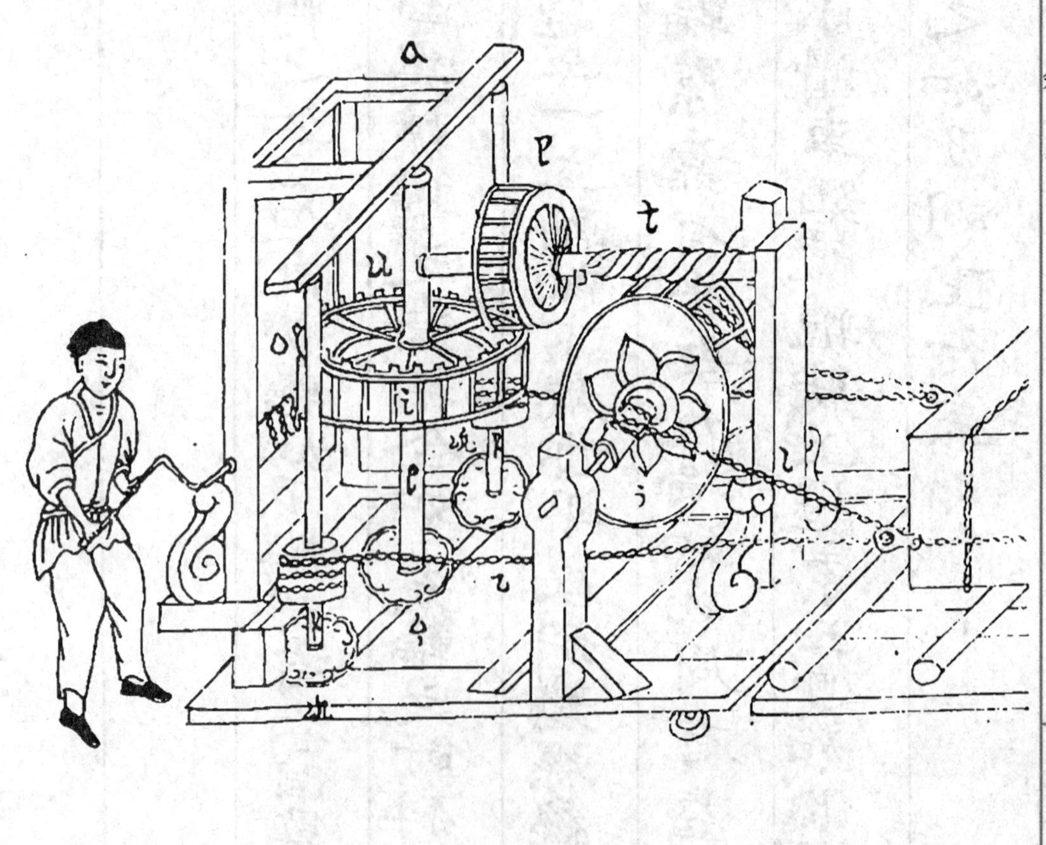

說

先為方架如a架之前端安立軸如b中有大輪如c輪周有螺絲轉齒如d輪上有立齒如e立軸下端有星輪如f、繫靠星輪兩旁各有立柱亦各安星輪如g兩旁星輪上有纏索之滑轆如h繫靠螺絲轉大輪安立輪如i立輪之齒與大輪上立齒相合立輪之軸有長螺絲轉如k其長螺絲轉繫靠有大立輪亦是螺絲轉齒如l立輪兩旁繫繫重之索如m前端立軸大輪之外有螺絲轉之柄如n以一人轉之則重行矣凡重之下有長輥木如o遞輥遞支而前

第三圖

說

先為大平車下有活安長輥木如ㄙ車前端兩旁安有斜柱上有軸兩端各有十字木椿如C於其前再為兩車各如其製如乙如ㄅ但其前兩空車用時暫柅不動

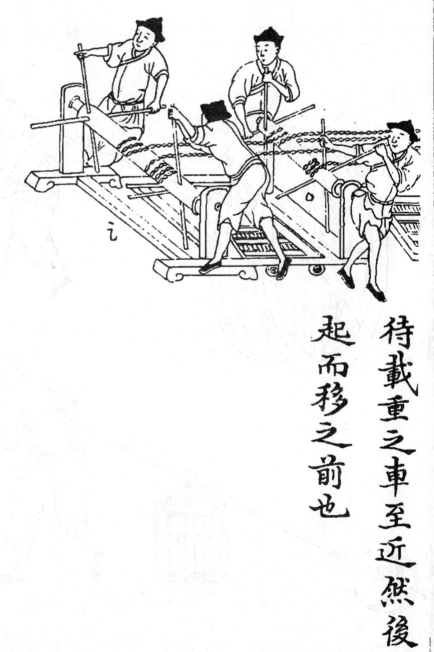

并圖說

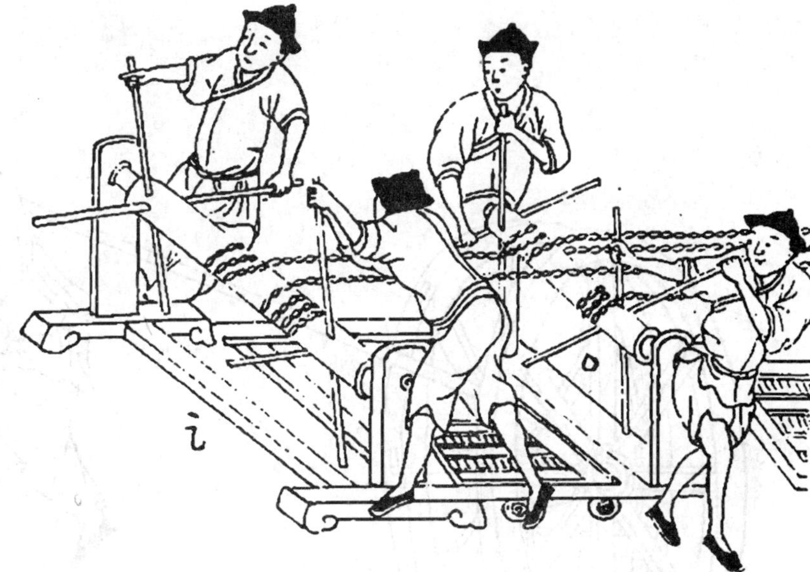

待載重之車至近然後起而移之前也

第四圖

說

為大輪一軸兩輪並列輪之中繫大桶或繫別重以長杆繫軸上軸不轉而兩轉一人肩杆而曳之或於杆頭安橫桄一人推之皆可行也

說

為兩小輪中有軸繫杆末杆之中懸大桶或別重一人肩而曳之或用橫桄推之皆可

轉重第一圖

轉重

說

為為立柱中央作方曲拐形如厶立柱上下直對要正旁拐立枝為手所轉處中為小軸外貫木筒或竹筒便可轉也或於下端作輪或於上端作輪以為轉他重之機惟人所作立柱兩端盡處各為鐵鑽安於架之鐵臼中則其轉也無不利矣

第二圖

說

先為大輪有齒如a安兩柱中次為轆轤周圍有齒與大輪齒相合如e一人在柱外轉其柄則重可轉也或人力不勝則於轆轤一端近柱處安飛輪一具如i飛輪者已似無用而實能以重助他人之力者也故轆轤轉之不足加一飛輪則人力必大勝矣

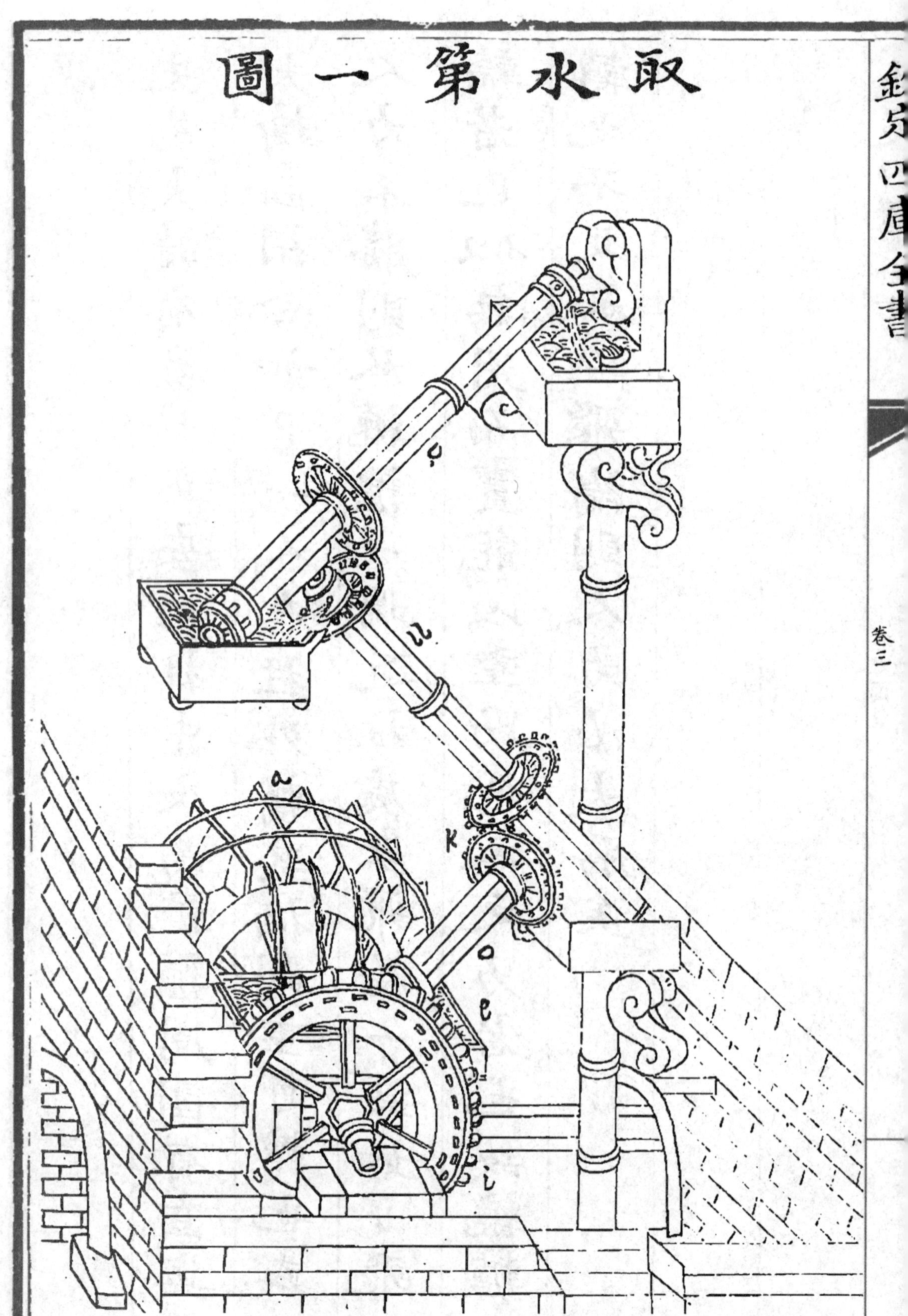
取水第一圖
欽定四庫全書
卷三
a
k
o
e
i

取水

說

先為大立輪中藏水戽如△轉水至槽池中如ℓ大立輪同軸又有次立輪有齒如〻再為龍尾車三具以次而上如○如ㄦ第一龍尾車下端有小鼓輪亦有齒如ㄦ與次立輪之齒相合上端又有旁齒小輪如ㄑ則於第二龍尾車下端輪齒相合第二龍尾車上端與第三龍尾車下端輪齒各以次相合則水自上矣　龍尾車之製詳具泰西水法中

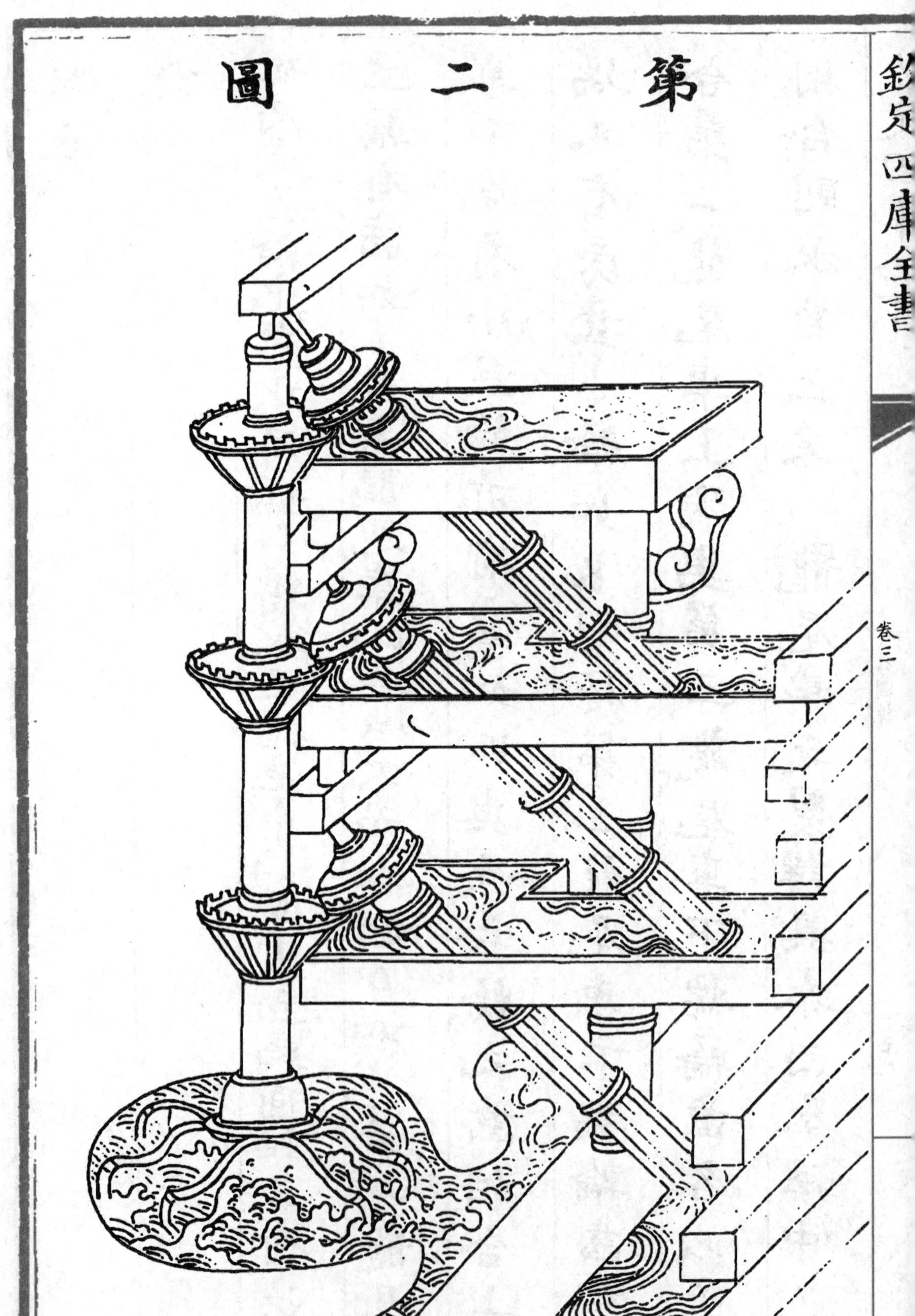

第二圖

說

先為大立輪層累而上為三有齒之輪與三龍尾車上端輪齒各相合柱下為平輪輪之齒各以立板作之外端彎曲如杓樣向水勢衝處水衝其杓杓杓相推則大立柱自轉而三龍尾車自然依次而上水矣但龍尾車各從池水槽中轉旋恐漏水不便故於池中先作空筩上下各長於槽嚴安槽中龍尾車自筩中旋轉庶不致已盱之水下漏為微妙耳

第三圖

説

先為飛輪之架汲於飛輪軸之兩端各安一鐵曲柄但一端向上則一端向下必使相反故以一端繫於恒升車取水竿頂可上可下之木以一端用人力轉之則水升矣飛輪者助人用力之輪也

恒升車之製亦詳具泰西水法中

第四圖

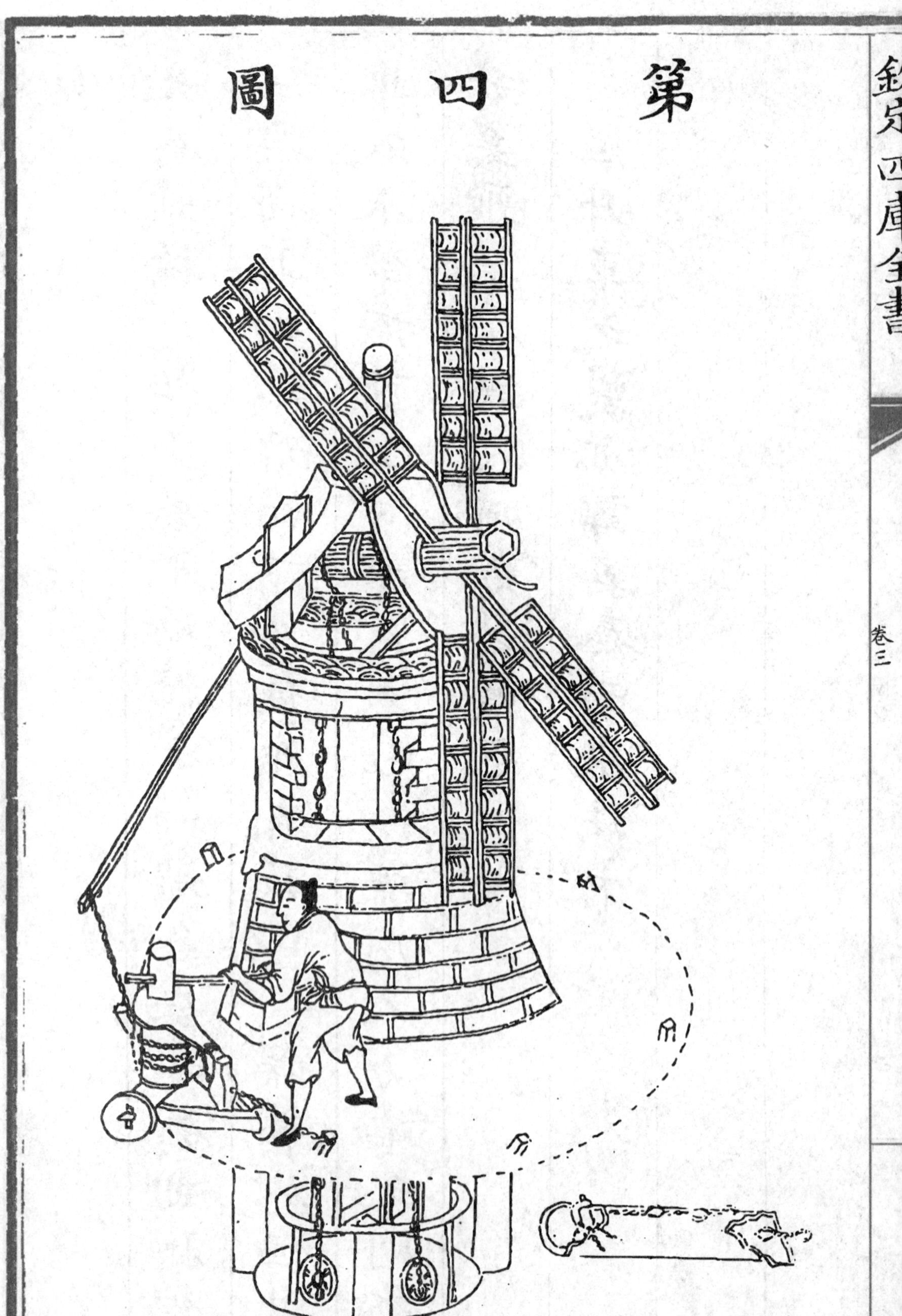

說

井中水不能上先作風車以代人畜風車有軸即在井上以轉井中取水之戽者也但此圖水戽之製非此中常用之戽乃是長筒直貫井底筒底有軸筒中有索貫諸皮球如雞子樣上下俱小以便筒中上下狀若聯珠其數不拘多少惟視索垂井底水中折轉從筒中而上直至井上池中環連不絕為度葢以風轉轉軸軸轉皮球之索從筒底軸遶轉而上遶塞其水直從筒中遶湧而上而後吐之井上池中也其作球作筒之法詳如圖旁散形風車之製多端詳後轉磨諸圖中

第五

之圖

說

為長槽前寛後窄于其中平安一軸其前端安一木杓杓上有環繫槽前上端横木上槽前下端有小長板如ㄙ杓八水則蒲至高處則因下短小長板所靠不得不倒而吐矣

竊余曾自作一引水䈴一名鶴飲一名活桔槔其製一一與此相合但此前端用杓更為妙耳

第六圖

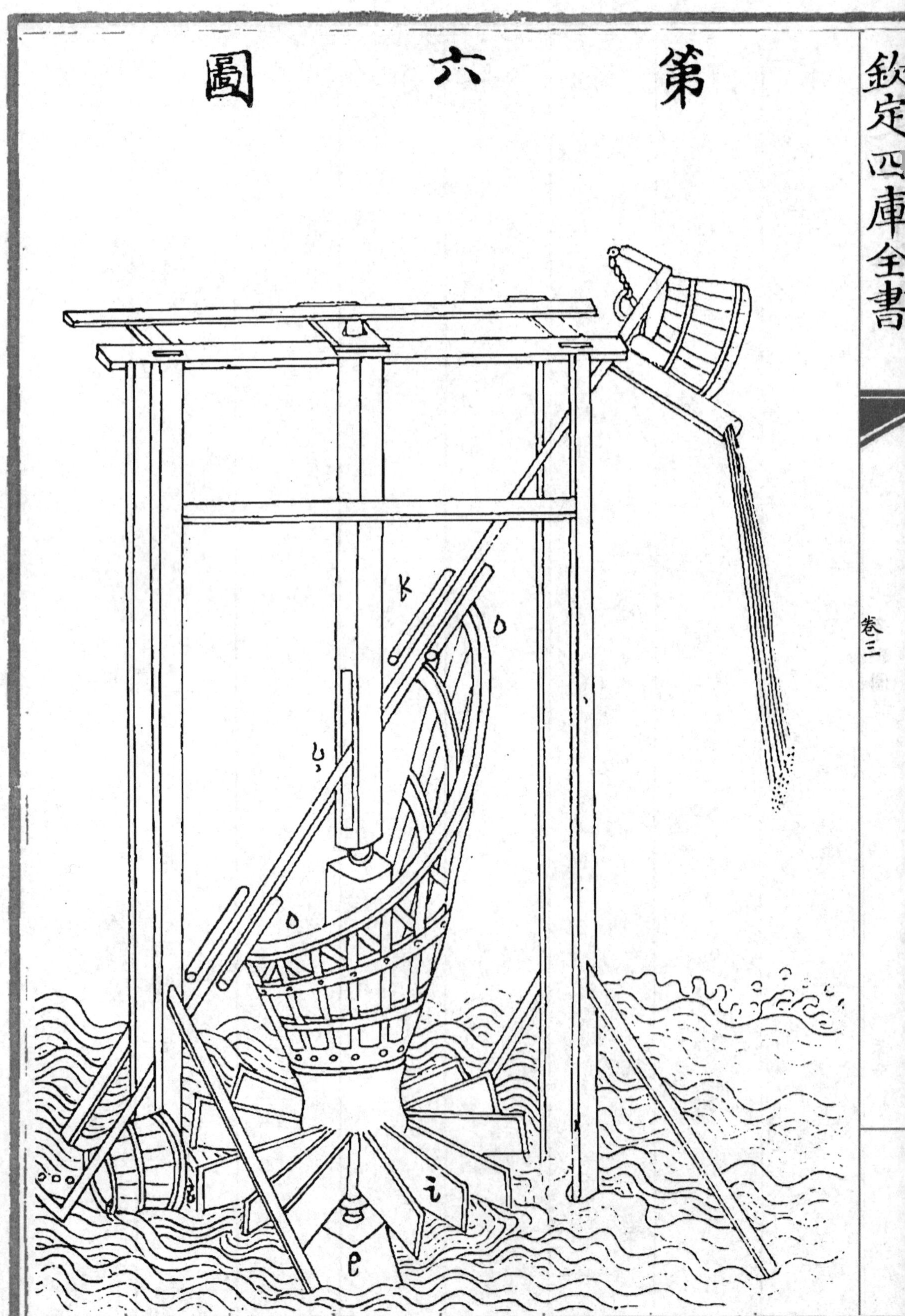

說

先為四方立架視天平杆兩端水筩所至高處覆水為度如乙其下于架之中央水中用方石安鐵窠如乚中為立柱下有鐵鑽立柱下端安立扳大輪如乙少上安半規斜輪一角漸次而下一角漸次而上如○于半規輪之上另有樞軸在下半規輪軸中央如几其樞軸少上中開長孔橫安轉軸如乙以貫天平杆之心使之可上可下樞軸上端則安在架之上梁勿令動也如氿再于

天平杆兩畔近半規輪上弦行處護以圓木如長或檴竹皮使其滑澤無滯其天平杆兩盡頭處各安罨筩如之但須于杆旁横安小杆繫筩如之始無碍于杆身而覆水槽中之為便耳

第七圖
乙

說

先為兩立柱之架如ɑ立柱上端有軸次為大木約如C旁有兩耳中貫橫木如ㄟ其杓柄為水出之槽即貫在立柱架上軸內可以轉旋上下如○耳中所貫橫木有索繫于旁立桔槔之前端後端有垂木中鑿多孔便安木柄隨人高低可用力也此器取水甚多桔槔杆另立巧法任人意為之

第八圖

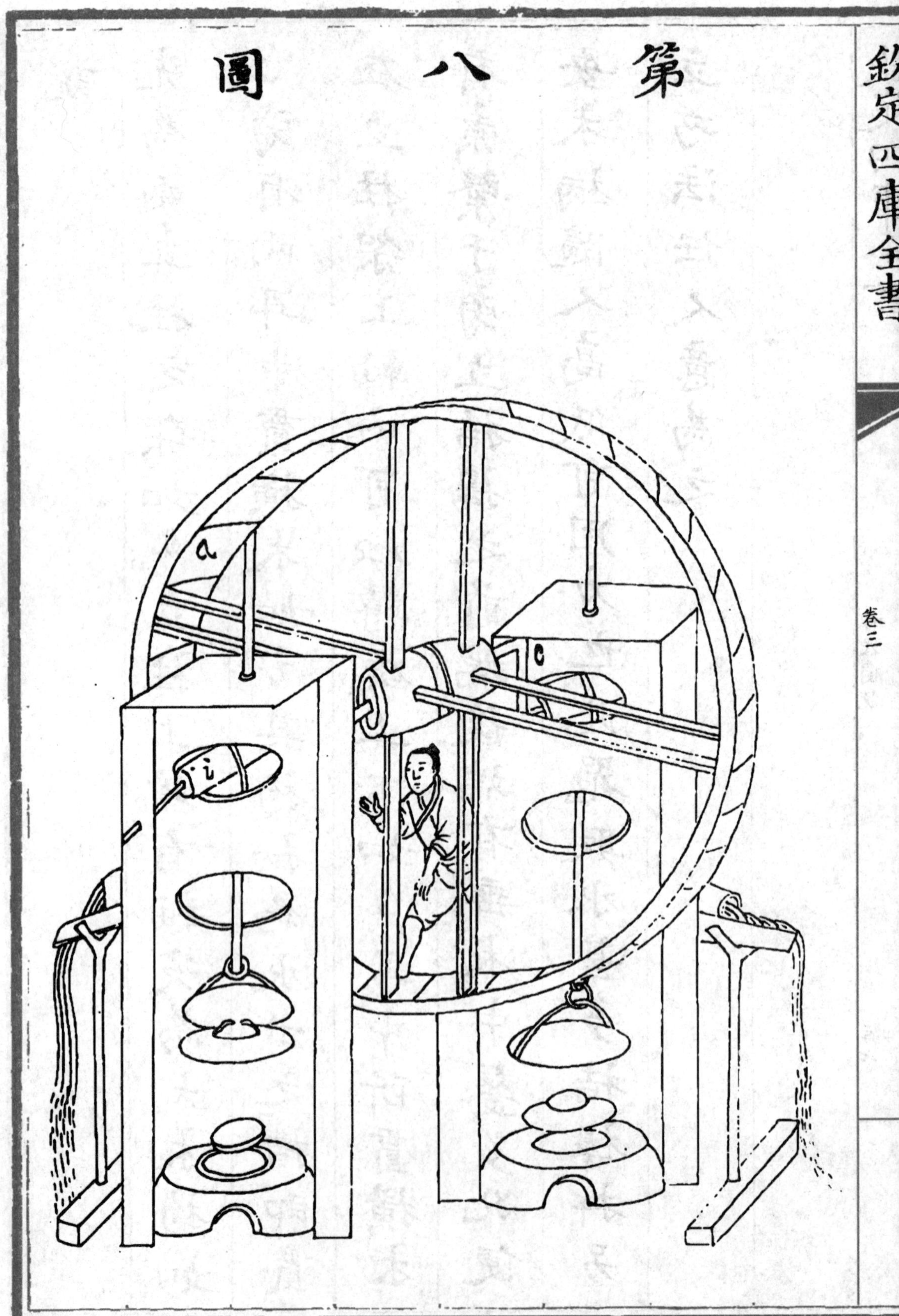

說

先為行輪人行其中如ᘓ行輪中軸兩端各安曲拐一邊曲在上一邊曲在下如ᑕ曲拐方孔之中杆上安滑車如ㄟ于滑車貫處為立圈下端定在恒升車取水杆頭如ᑎ行輪轉動兩邊自然一低一昂水可遞引而上矣

第九圖

說

先為星輪如𠆢星輪者輪周作大圓齒間中與齒相等亦作圓孔與大星光芒四射相似故名星輪星輪之外作鼓廂如乙鼓廂者上下總一圓圈兩旁以木板廂之其形似鼓故名鼓廂鼓廂下面底中開一小孔入水如丶乚鼓廂上面開一方孔如厶方孔中安一方屑上方下圓方屑兩旁各安小滑車使方屑易上易下也如儿其安鼓廂及安方屑上下之架如厶丶於方屑方孔之前開

孔向上斜安孔筒如瓦以便出水先將星輪安置鼓廂之中務使星輪兩旁與輪周齒端圓處緊靠鼓廂圈板為則其星輪之軸直出兩旁架外有曲柄如卜便人運也或另作水轉之軸以轉此星輪亦無不可蓋鼓廂之架安置水中下面小孔自然入水乃以星輪遞轉而上至方屑圓頭垂處水不能再過而前則惟有從斜孔筒中出水而已

轉磨第一圖

轉磨

說

為大輪周有齒中有輻條如厶惟有車軸斜安則輪自然斜轉矣次于斜輪兩旁立架頂上安一橫梁如巳以一人手攀其梁而足踏輻條之上欲上不能而輪則必自轉也如乙輪外另安小輪有齒與大輪之齒相合小輪之軸連于轉磨之樞齒各相得磨則無不轉也用力少而人不大勞此其一種

第二圖

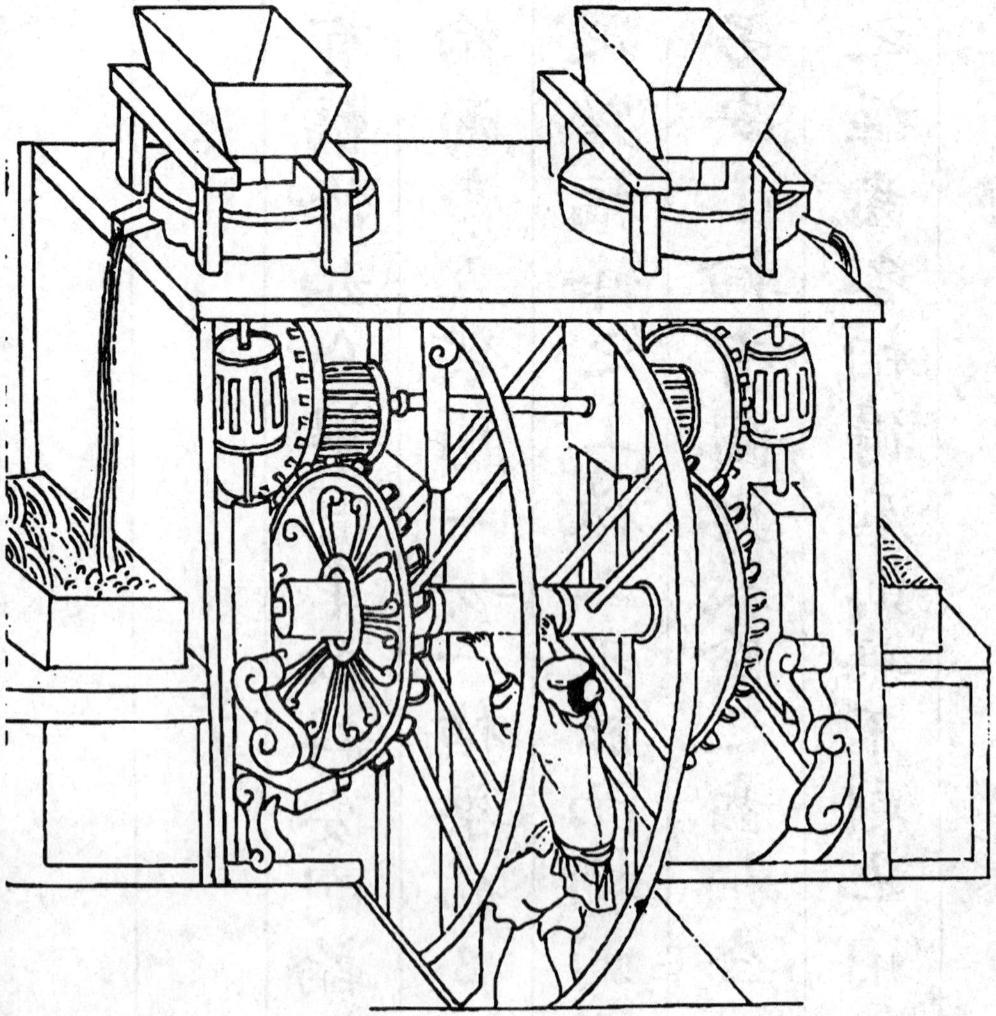

說

為大行輪一具行輪之說已見于前第此輪極大可用兩人並行耳行輪兩旁各安有齒小輪遞轉樞則兩磨可俱轉也一見自明故不細贅

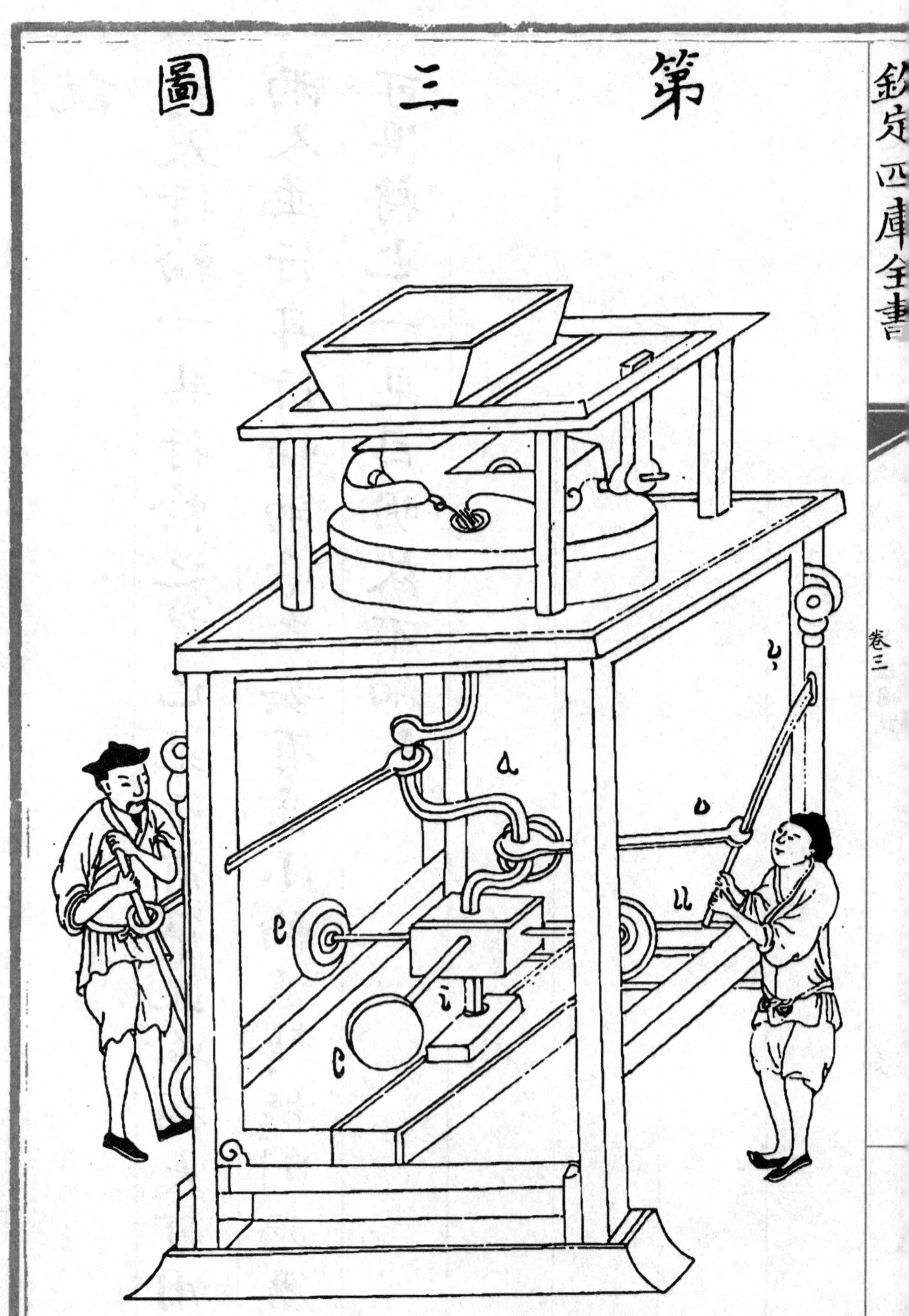

第三圖

說

磨中之樞下安鐵曲拐如ᒐ樞下端再安十字木杆杆末各安鉛㭬如ℓ樞下安鐵鑽入鐵窠中如乙于曲拐中安木桄兩端各為轉環如△一端轉環安人手曳桄上如乚乚其人手所曳之桄上端安於架上立桄亦有轉軸如乙、一人斜曳其手中之木可前可後而樞端下面十字鉛㭬為之助力則磨自可轉矣倘或磨重於對旁再增一曲拐再用一人對曳如前法尤有餘力

第四圖

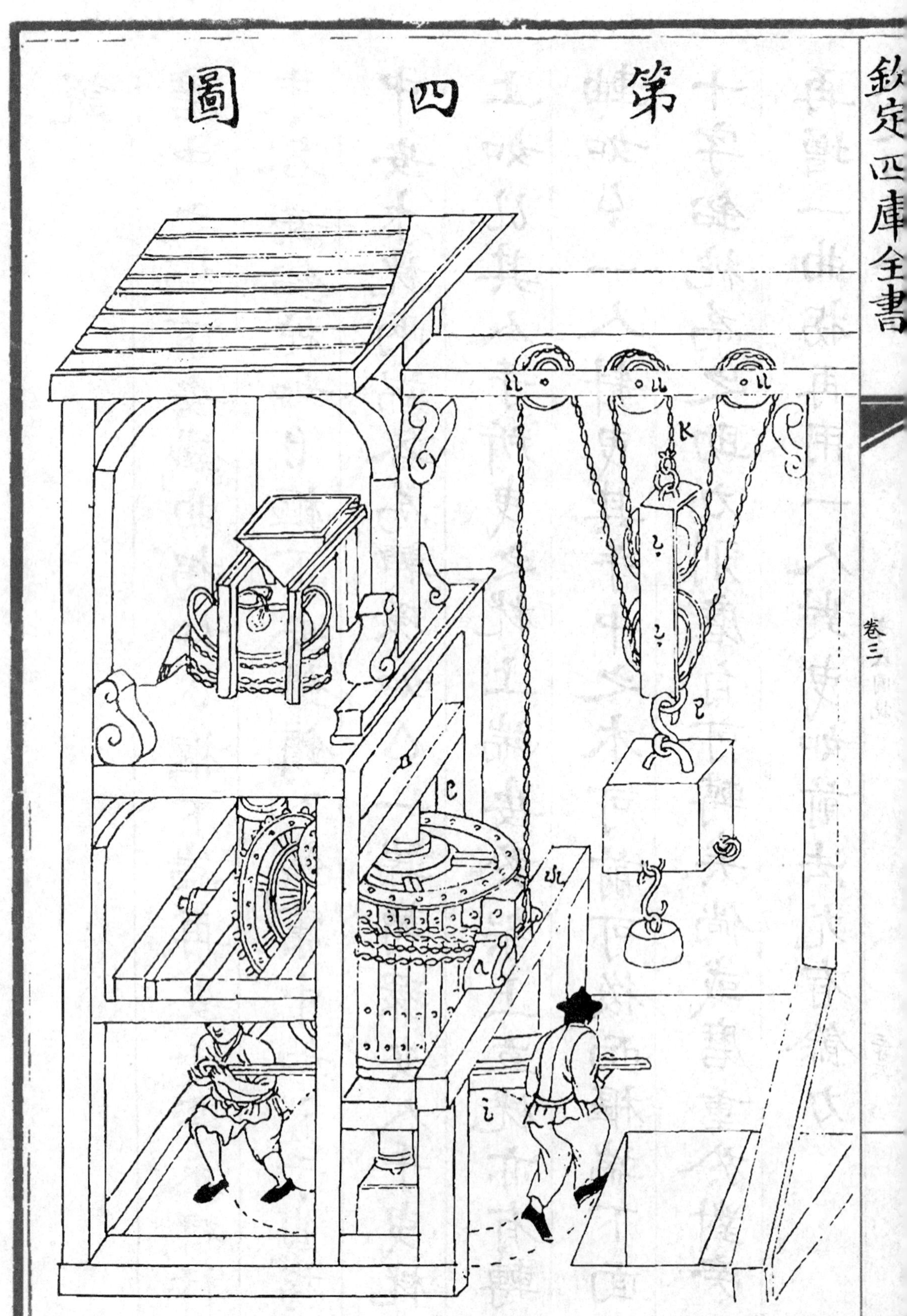

說

磨悉如常惟旁有立柱安大立轆轤繫纏垂重之索如∧轆轤之上安平輪周有懸齒以轉轉磨樞之立輪如e下有十字杆待重垂下至地用人力推杆則重可復上如i于立柱之旁另有立架上横以梁如〇横梁中開長孔安三小滑車如u垂重之上有小立框中安兩小滑車如乙立柱大轆轤所纏之索平轉從旁立小架滑車之下而過如ω從而上之過梁上第一在左之滑

車折轉而下又從小立框下一滑車之下折轉而上過梁上第二在右之滑車折轉而下又從小立框上一滑車而下折轉而上過梁上第三在中之滑車折轉而下始繫定于小立框上端小梁上如長小立框下端小梁有環垂重之上有鉤鉤于環内如已重下則磨自轉矣所以必用此許多小滑車者總令垂重遲遲而下不易到地其磨可多轉耳垂重下又加小重者欲人視之多寡自為增損云爾

此自轉磨也嚮余曾臆想作此試之甚便今得此實先得我心之同然但此遲遲垂重之法初則夢想不及也

第五

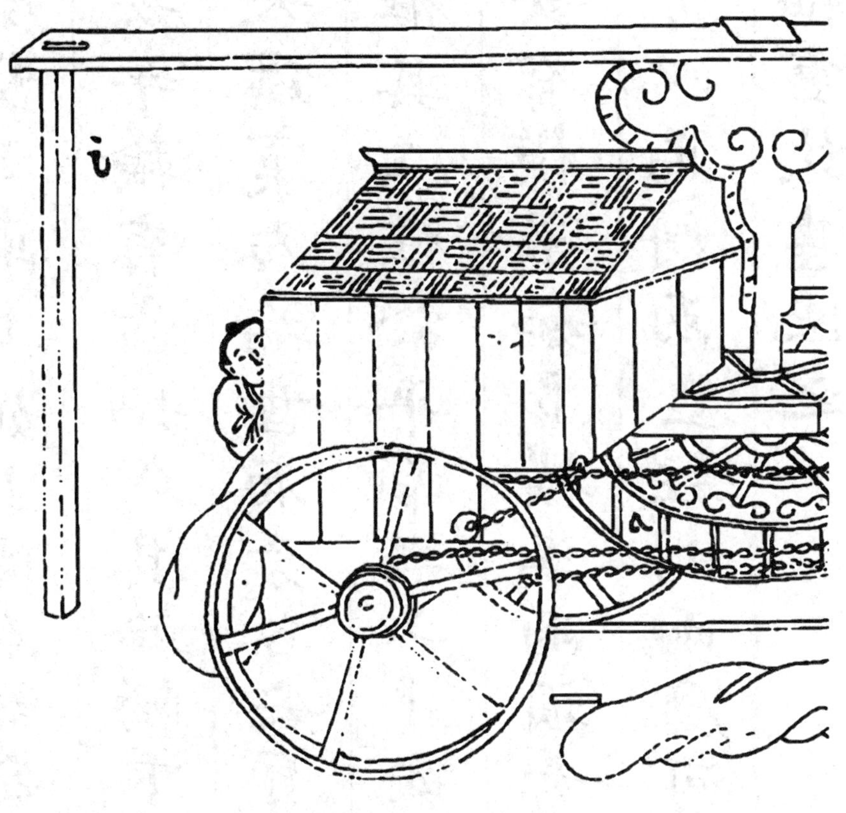

說

盖或人多遠行此磨載之車上如上圖兩磨安於兩頭中安一大立柱下安平輪有齒如◯其輪軸下端有鐵鑽安車中平木中央鐵窠内輪齒兩旁各安有齒小輪平轉兩邊磨中之樞其立柱於平輪之上平安横木中央開孔而上上端安有横梁如ᑭ横梁兩頭長過於車各安下垂立柱如之以馬轉兩立柱則兩磨可自轉也其車行各可載他輜重故甚便之

余意横梁若作十字則用四風扇或直竪車上或亦周
垂車外又可作風磨也

第六圖

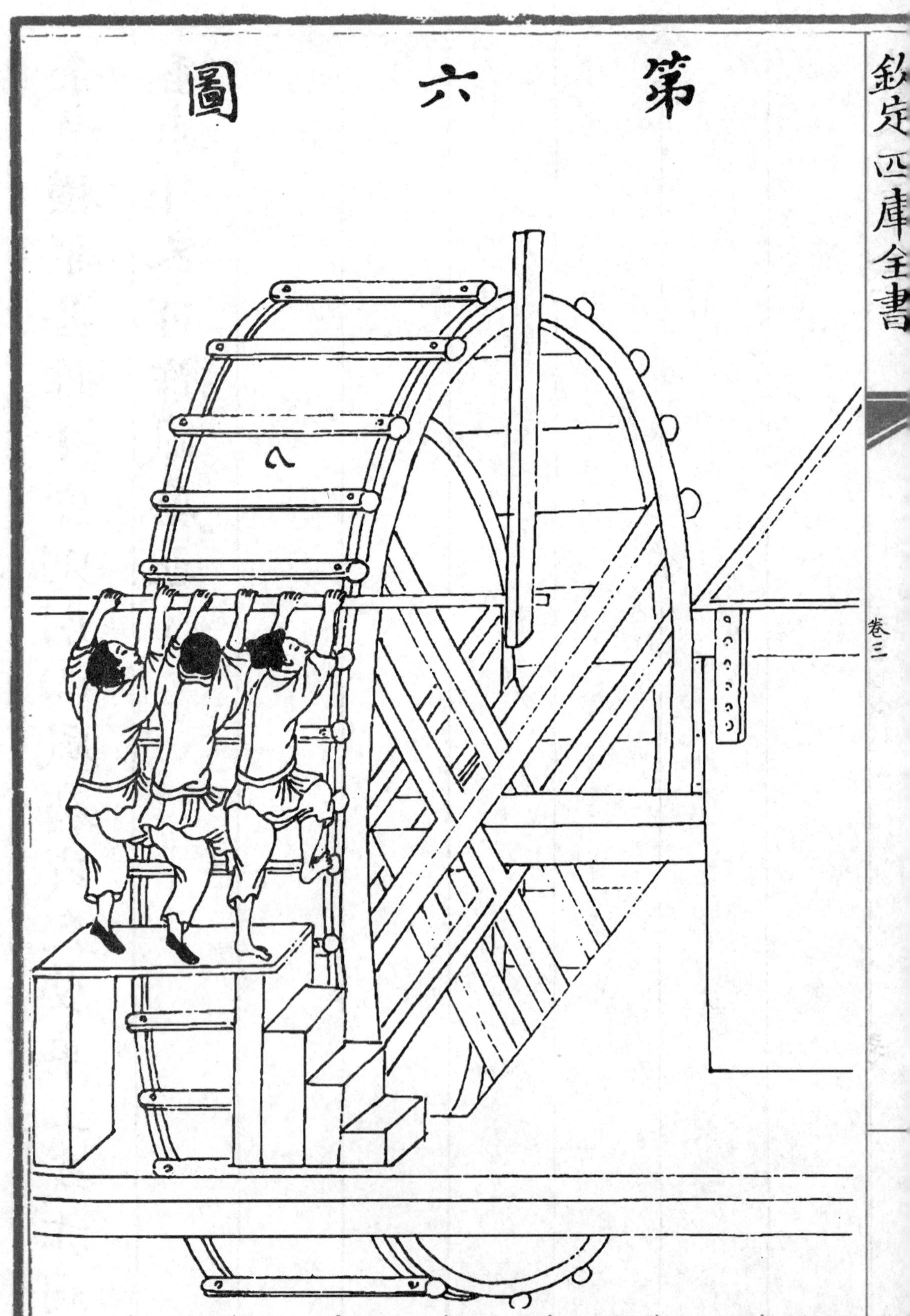

說

為大輪外周安橫桄如厶內有長軸兩端安兩立輪各有齒轉兩磨立樞燈輪之齒如C用三人手攀橫梁足踏輪周橫桄則兩磨轉矣儻止用一磨則一人足矣在人酌而為之耳

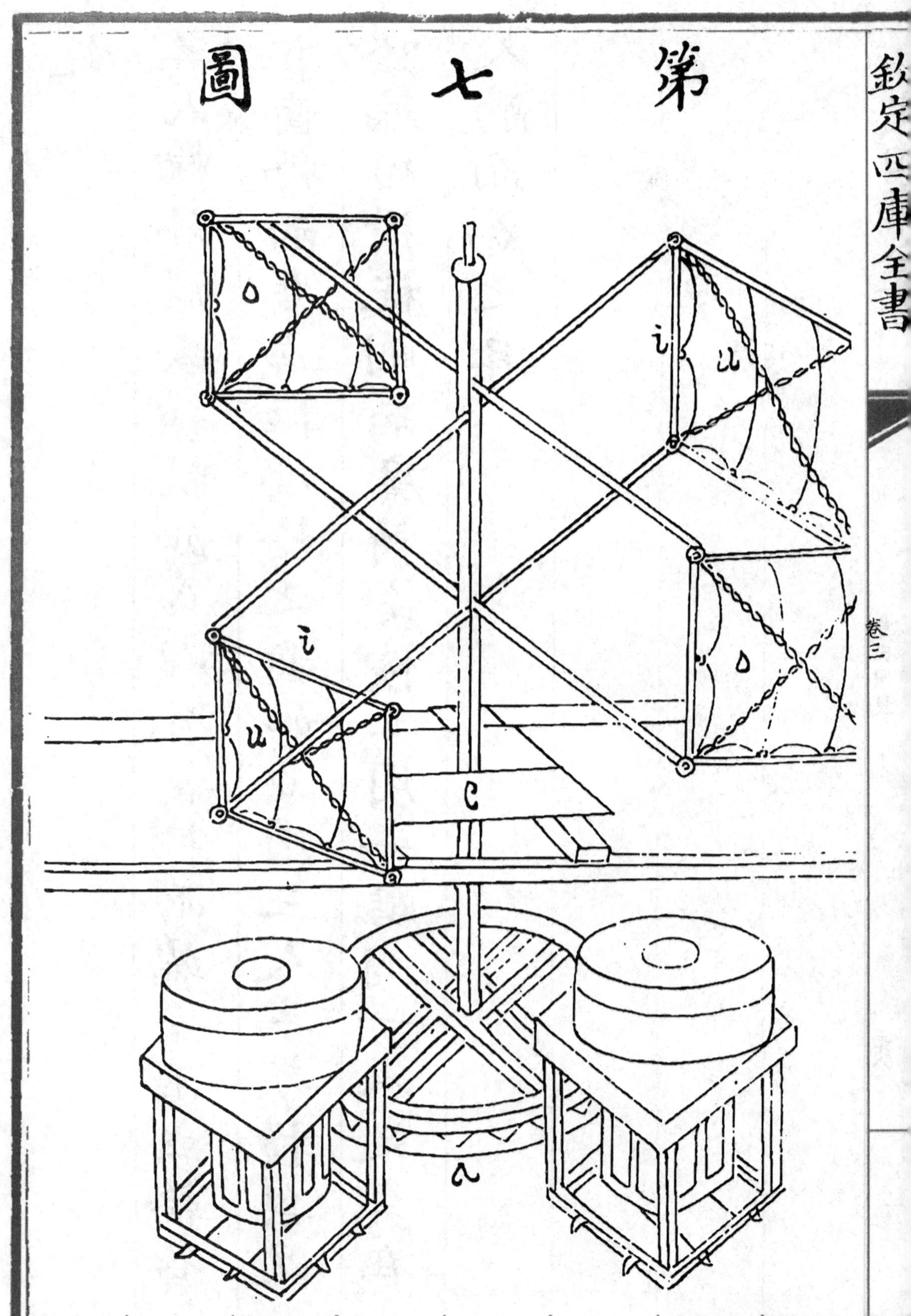

第七圖

說

大輪轉兩磨燈轉之樞如△總用常法惟大輪軸為大立柱柱下端有鐵鑽入地臼窠中柱半身處安大木平架中開圓孔柱從孔中透出上去以轉動便利為度如己柱上半身安十字兩層横桄各有立檔如乙四立檔外各掛一大方布框如○布框可展可收向風吹去則自然展開受風過則自收遞展而遞相受風故兩磨可自轉也布框每面有兩索斜繫如〻者恐風大布力不能當易至損耳

第八

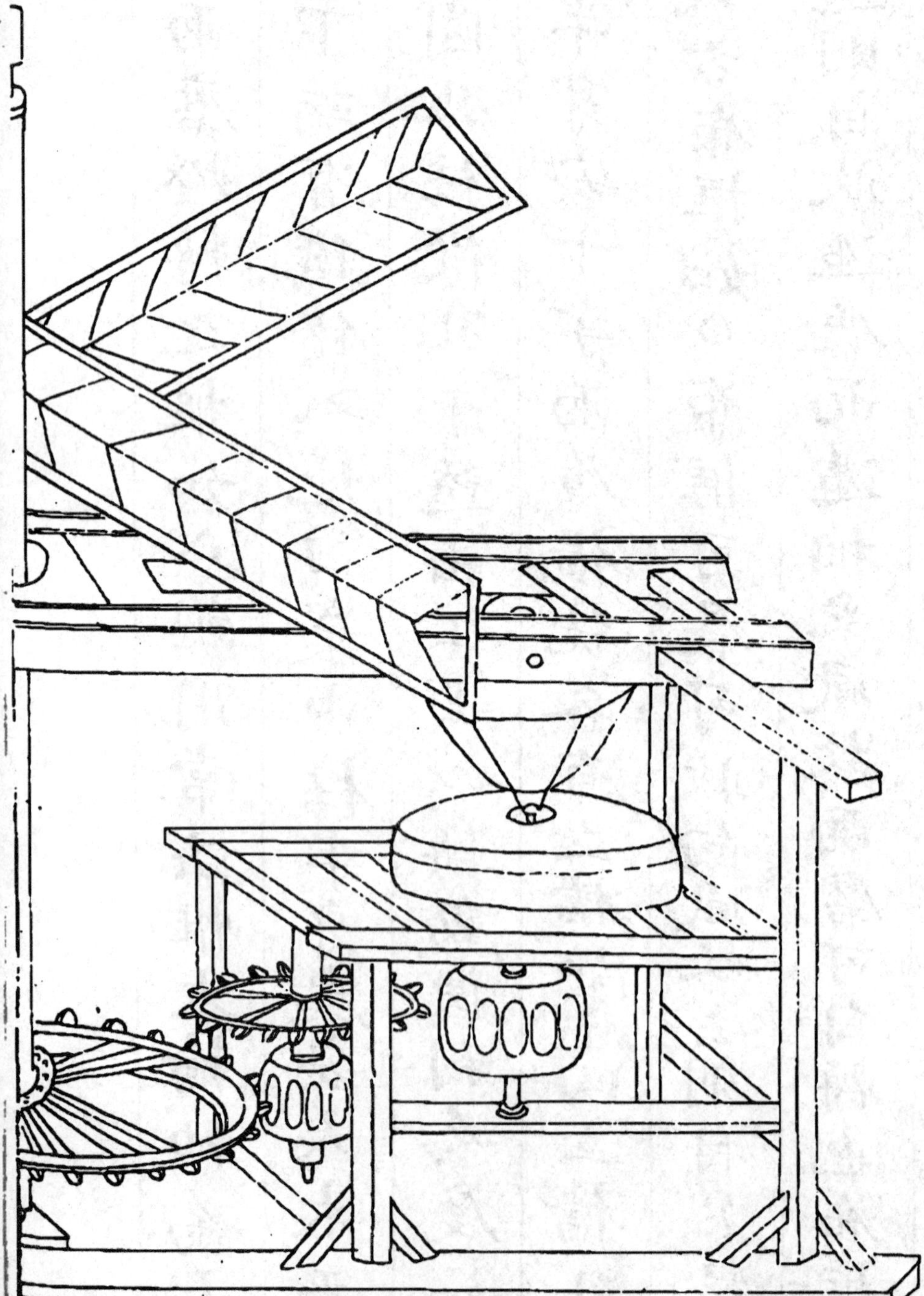

之圖

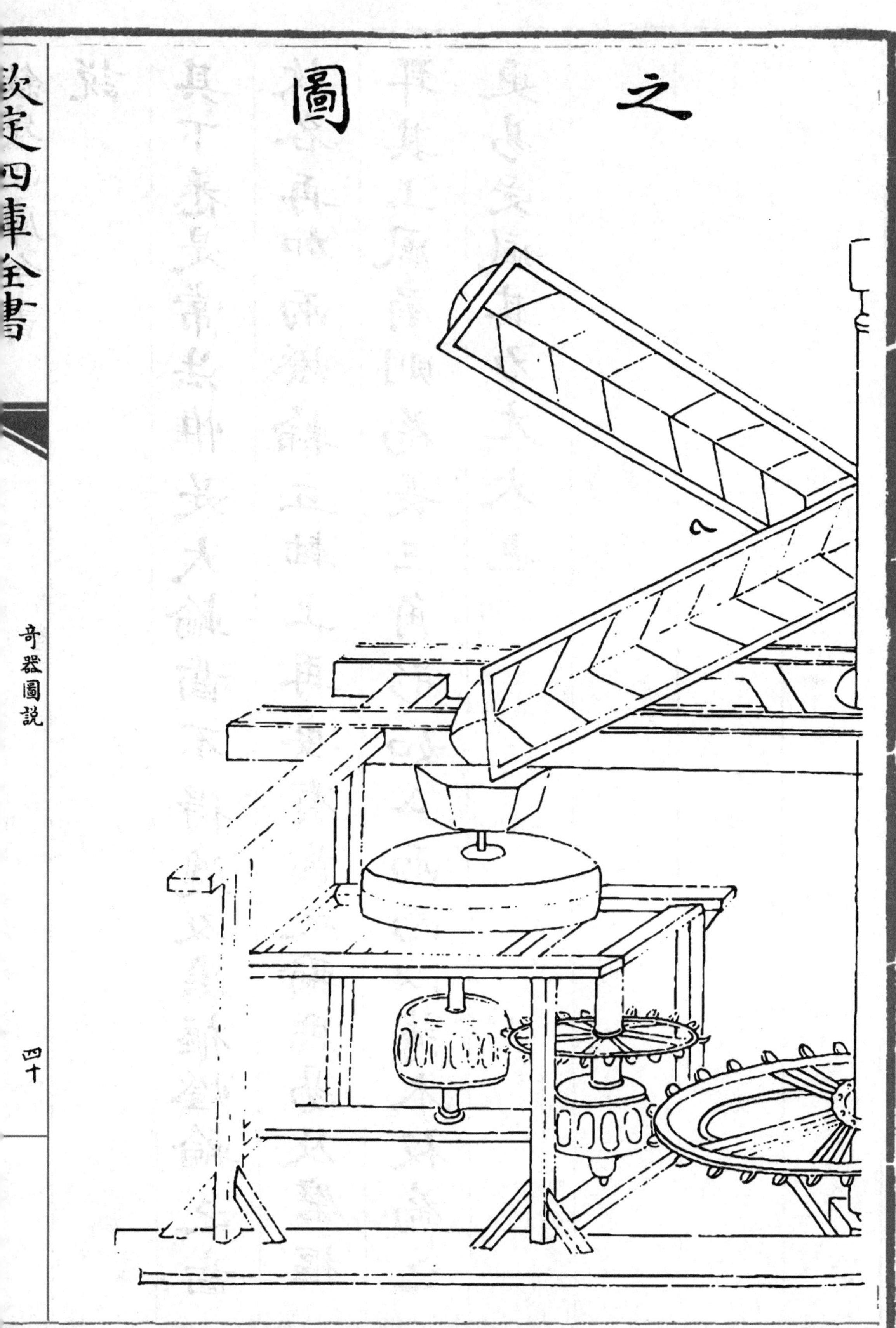

說

其下悉是常法惟是大輪齒不得逯及磨樞燈輪之齒故各再加兩燈輪立軸上再安有齒之輪庶易及磨樞耳其上風扇則爲長三角形如△兩面以薄木板爲之更易受風其力尤大也

第九圖

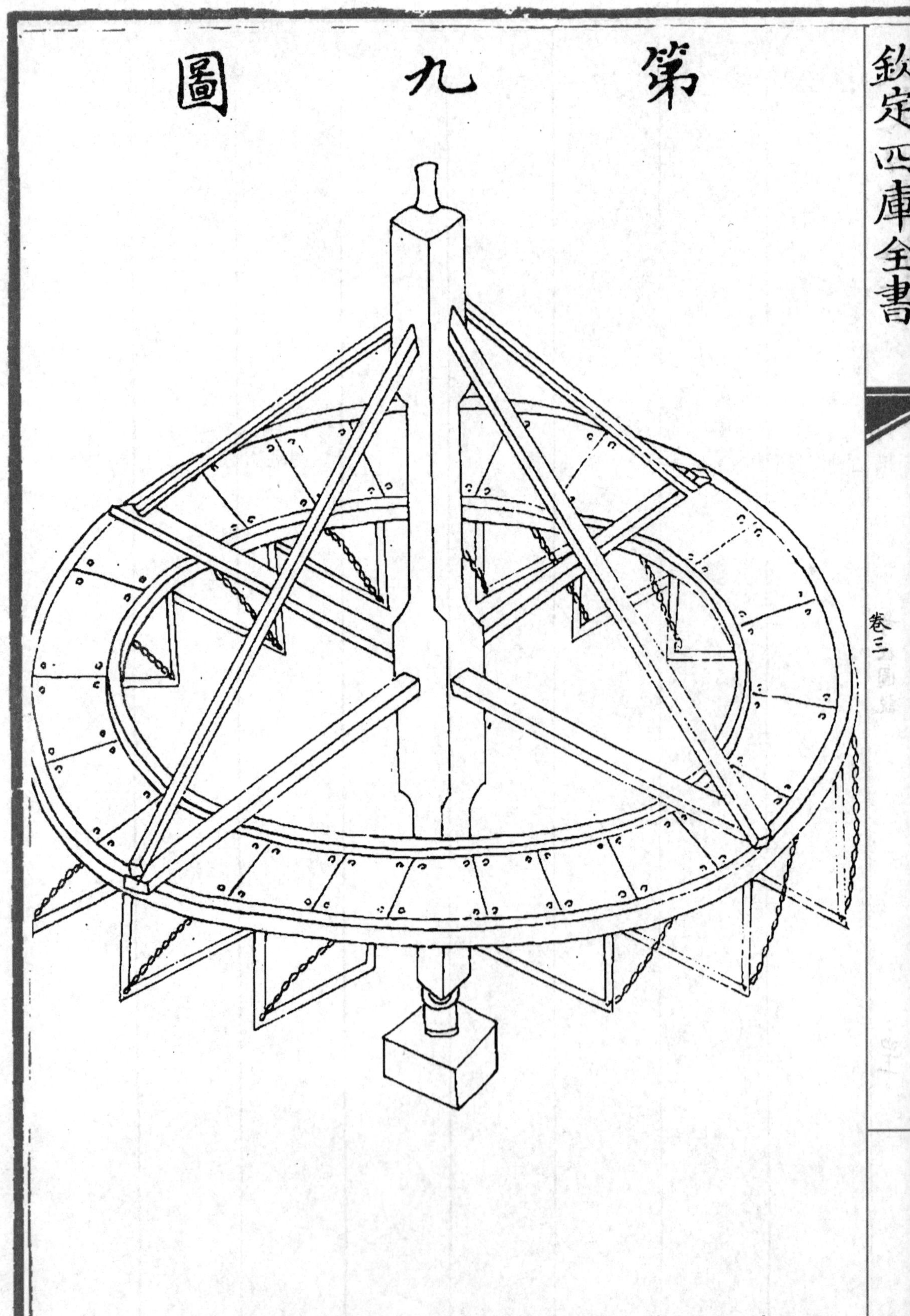

說

餘皆同前惟方板風扇垂在輪下上以四斜㭊撑輪為

少異耳

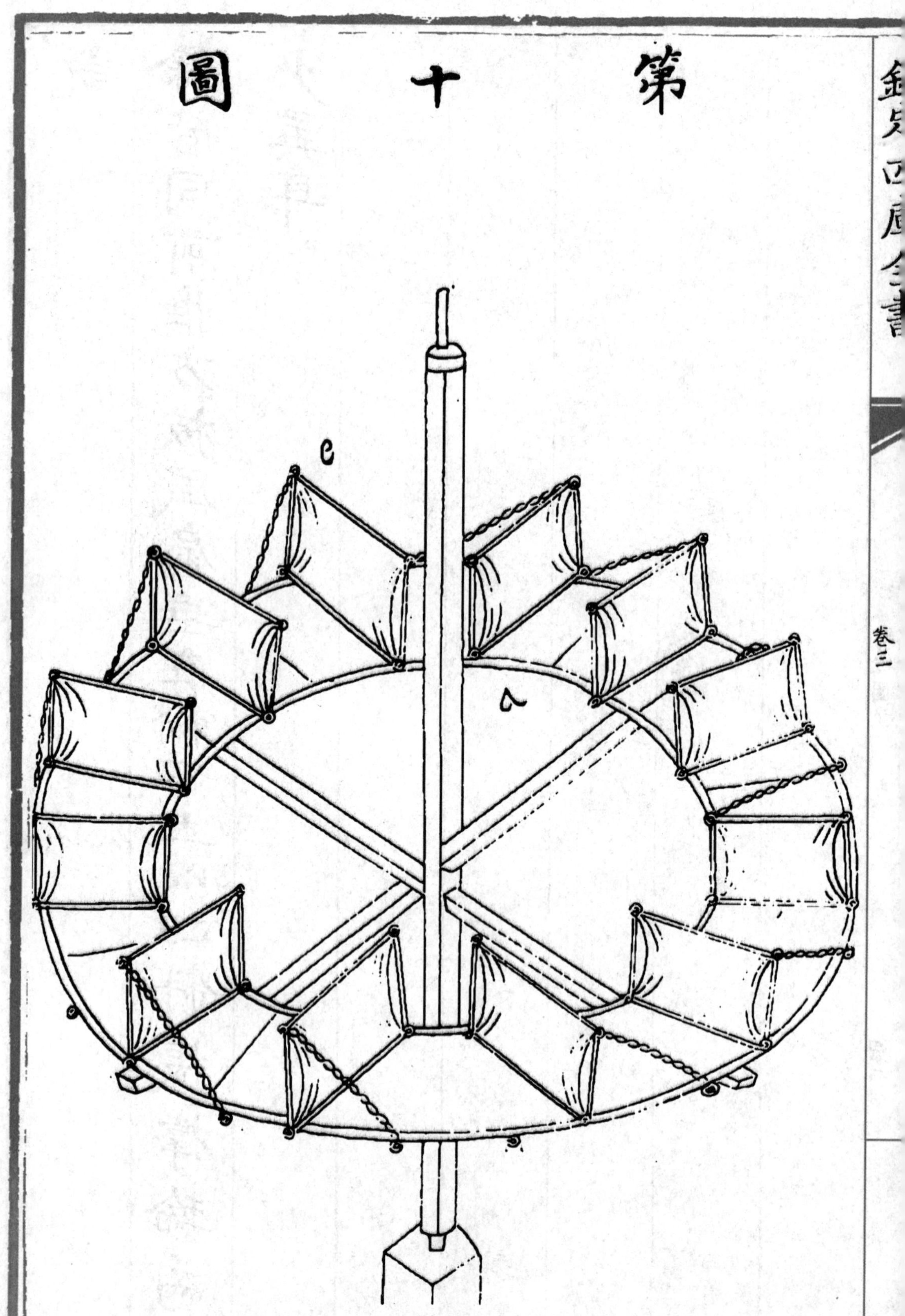
第十圖
欽定四庫全書
卷三

說

餘悉同止是立柱平安十字周作輪形如⊂於輪上周圍以木板作方風扇如⊂每扇一面各有一索繫緊風來則板直立受其吹而自轉然有索繫則又不能前去過風則又自然少垂不阻風也

第十一圖

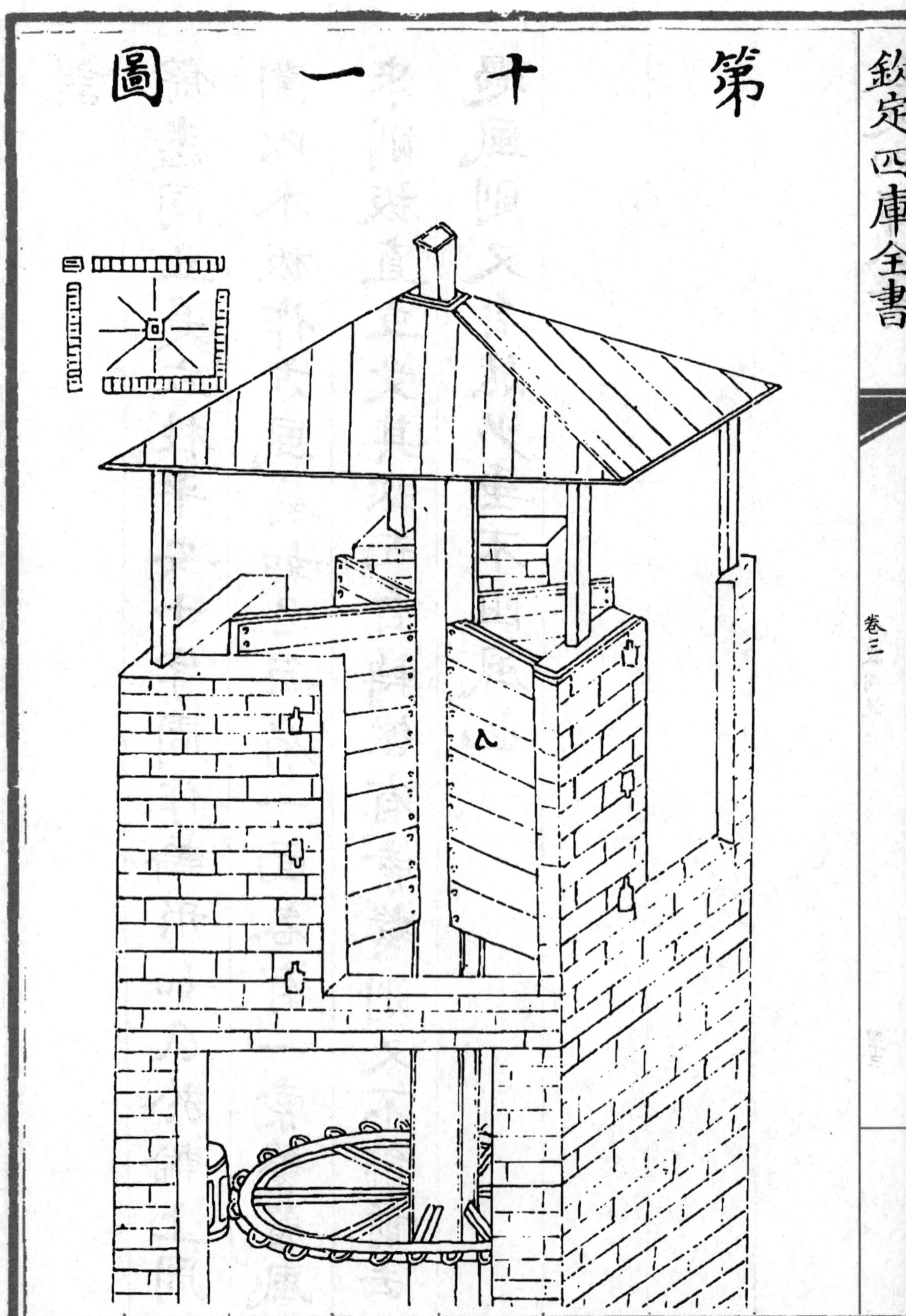

說

餘悉常法惟是上層周圍有牆每面少開一方以受風入如𠆢其立柱則上至屋頂轉樞柱安十字木板上下長橫少弱耳

第十二圖

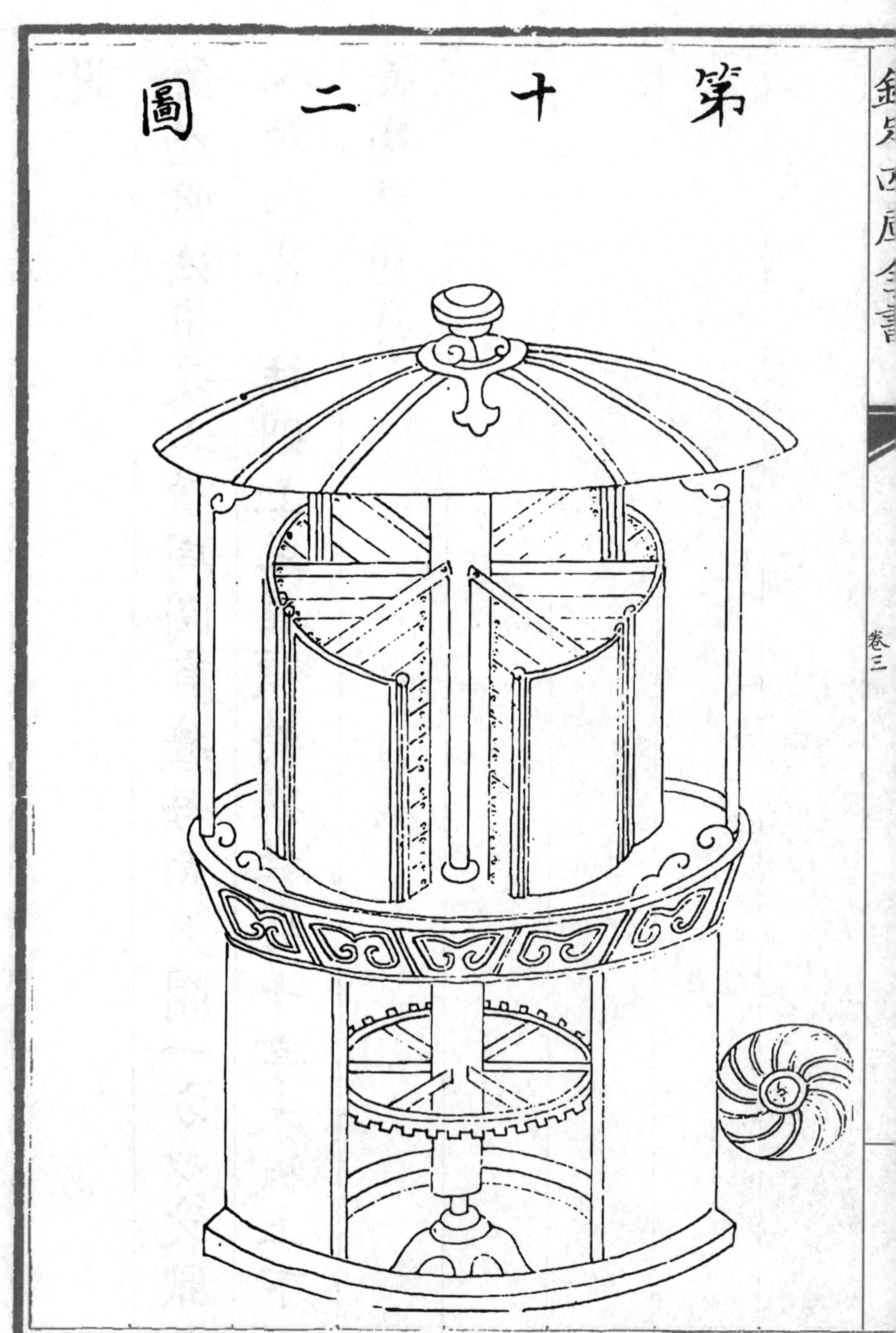

說

餘如常止立柱上安八風扇為異其風更大也

第十三圖

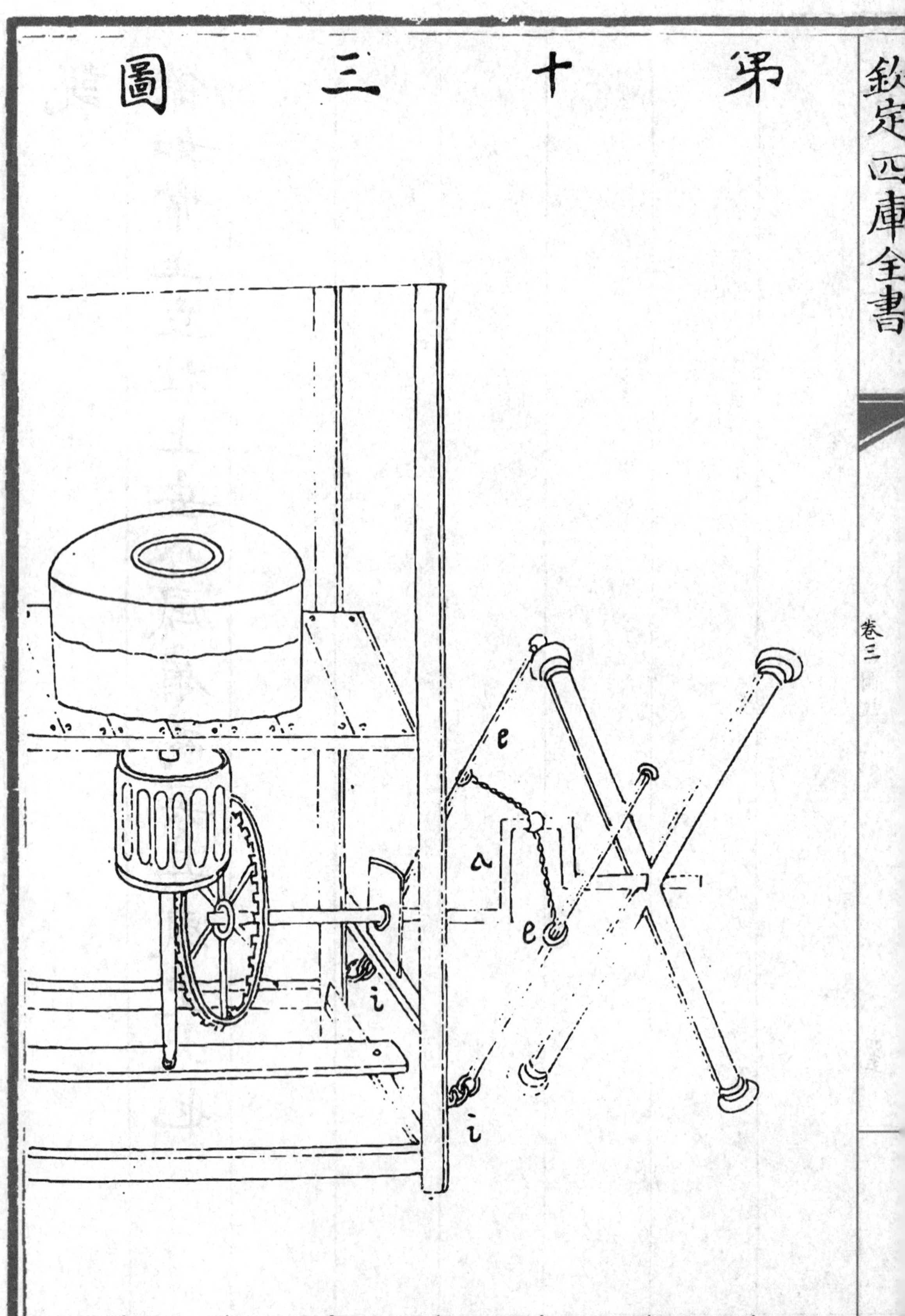

說

餘俱如常惟於轉磨樞燈輸之立輪安長鐵軸於架外作曲拐方形如ᐃ於鐵軸盡處定安十字木兩頭悉是鉛柁使重而易轉以助人力有如飛輪於曲拐方形轉處貫以鐵環兩端各繫以索其索一端繫木杆中環上如ℓ其杆下端則定在地上有環可轉如ι兩人對曳其杆一來一往則飛輪助力磨之轉甚便且省力也視人周行磨外節勞不啻數倍矣

第十四圖

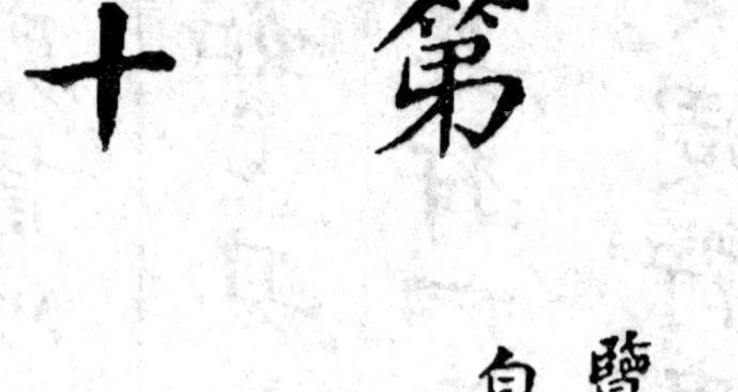

覽圖自明

不更立說

第十五圖

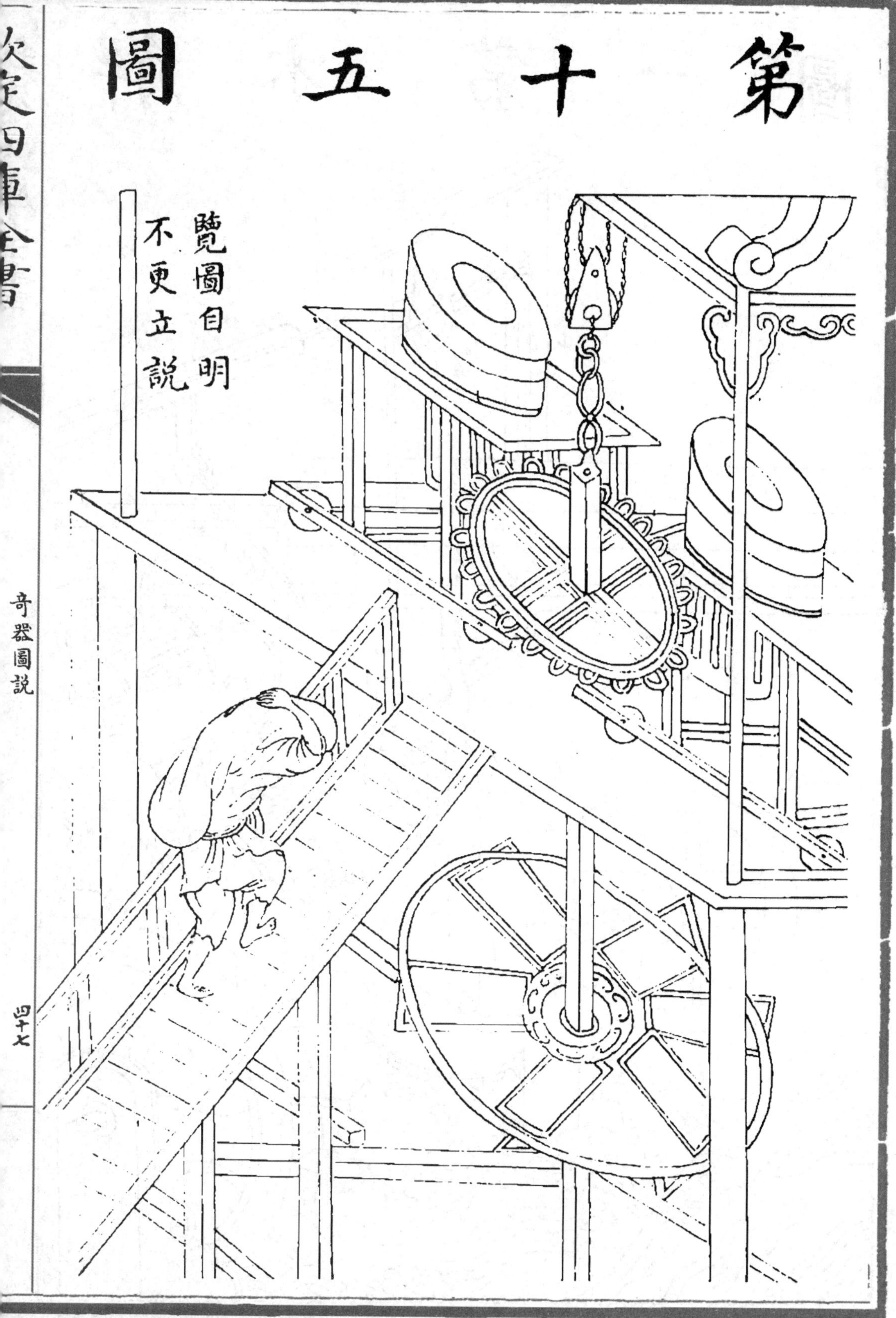

解木第一圖

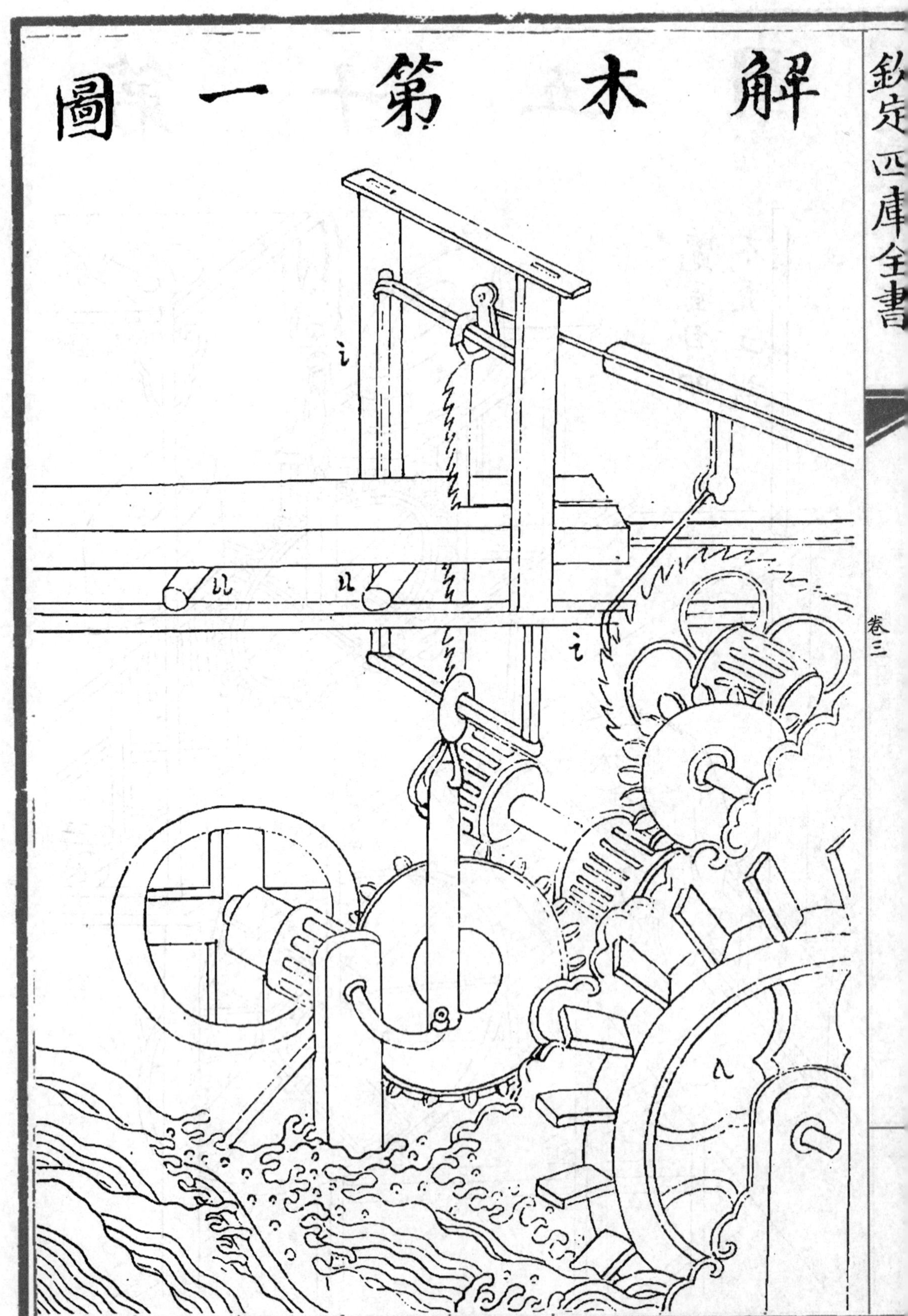

解木

說

先爲水輪並架如ㄟ水輪軸一端出架外連以曲拐如ℓ曲拐之上連有立鐵杆兩頭有環下端環貫曲拐之末上端環貫鋸之下檔木上鋸齒居中兩旁連檔立柱則各上下兩立槽中如乙外水輪轉則曲拐一上一下而鋸齒亦隨之一上一下矣此解法也但能使木來就鋸則其中尤有巧法須細詳之蓋木置架上架兩頭有四

立柱之夾木如○架又總安一長槽中下有小圖棍木數個如乚乚木之未解左端盡處有索繫于架下斜齒鐵輪之軸如乙、旁有長杆尖頭有鐵又以起斜齒之齒如凡者則又定在遠旁大轉木之下端如ㄑ大轉木上端有小杆亦斜連于鋸下檔之下如乙鋸一上則帶轉木上端小杆亦上轉木亦必少斜轉而上有鐵又之長杆勢必起一斜齒而自出其上矣鋸一下轉木亦必少少斜轉而下則又杆又入第二齒下矣以此起齒即

以此纆軸之索故木自來就鋸也又恐斜輪齒上而復回則又以短又小鐵杆緊隨而疾阻之如〻此皆微機妙不容言

第二圖

說

先為立柱架安大水輪如a水輪同軸另安有齒之輪如e一邊齒轉燈輪燈輪助以飛輪如i飛輪與燈輪同輪同軸軸之一端有鐵曲拐上連曳鋸之木如o又水輪有齒之輪一邊轉小燈輪同軸又有小燈輪遞轉旁安有齒小輪如u有齒小輪遞轉上小燈輪小燈輪同軸有鋸齒鐵輪如b鋸齒鐵輪之軸則繫轉木就鋸之索者也其阻齒勿回之又則以鋸上端之木旁轉而上下之如c其消息與第一圖略相同

第三圖

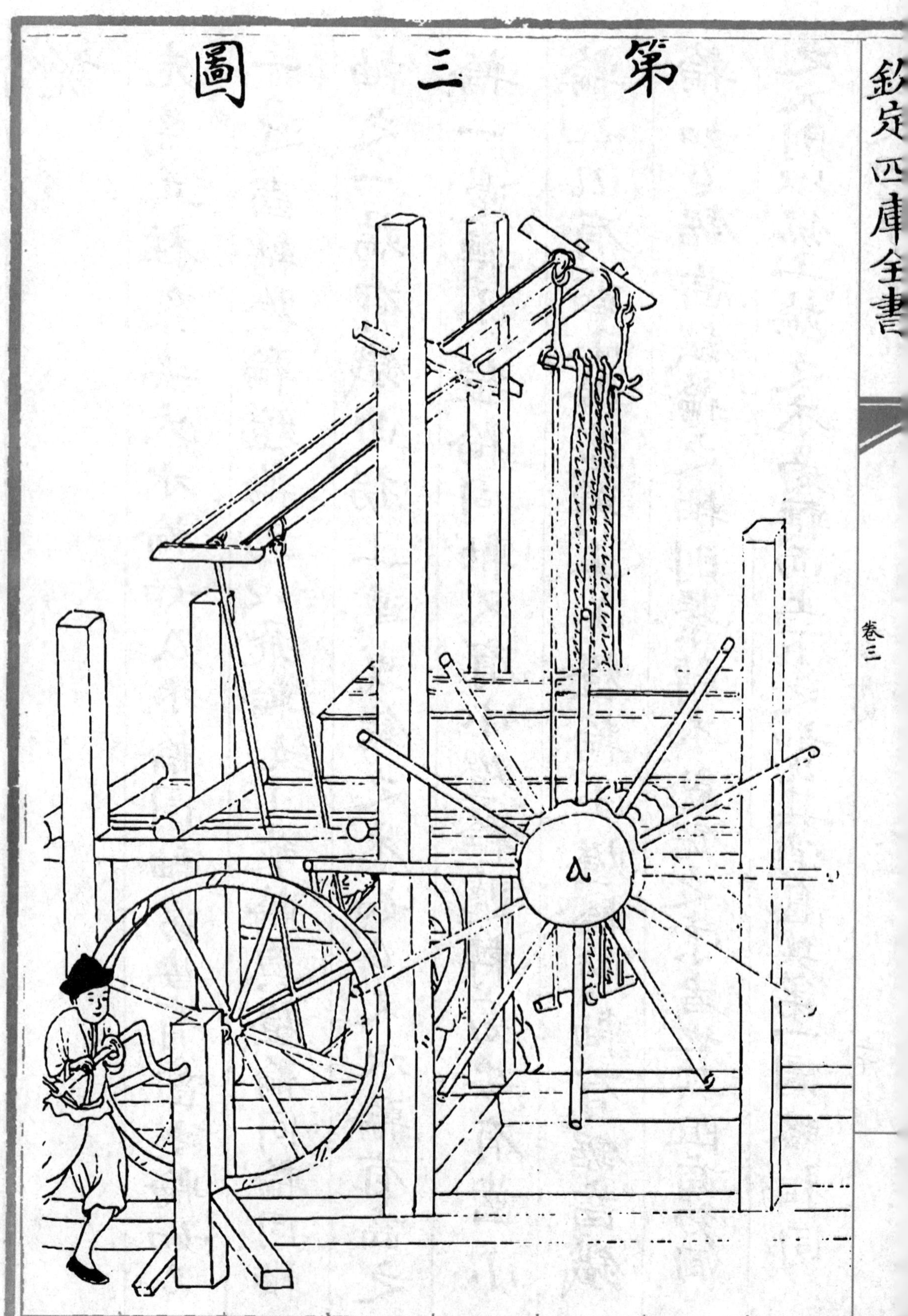

說

安鋸置木之架圖自分明不細贅惟是架中兩旁各有長輻條之大輪如△其輻條盡頭須各挨入人攬大輪之輞少許使人攬輪上旁安之小木樁易掛轉也兩輪通為一軸軸纏轉木之索使木來就鋸其人攬兩輪亦通貫一軸但軸之中作曲鐵拐貫兩長鐵杆直貫于轉鋸上下之長橫梁上如ℓ兩軸外各安曲柄相對兩人攬之鋸自可轉而每輪一周木樁可轉一輻條木亦自來就鋸也

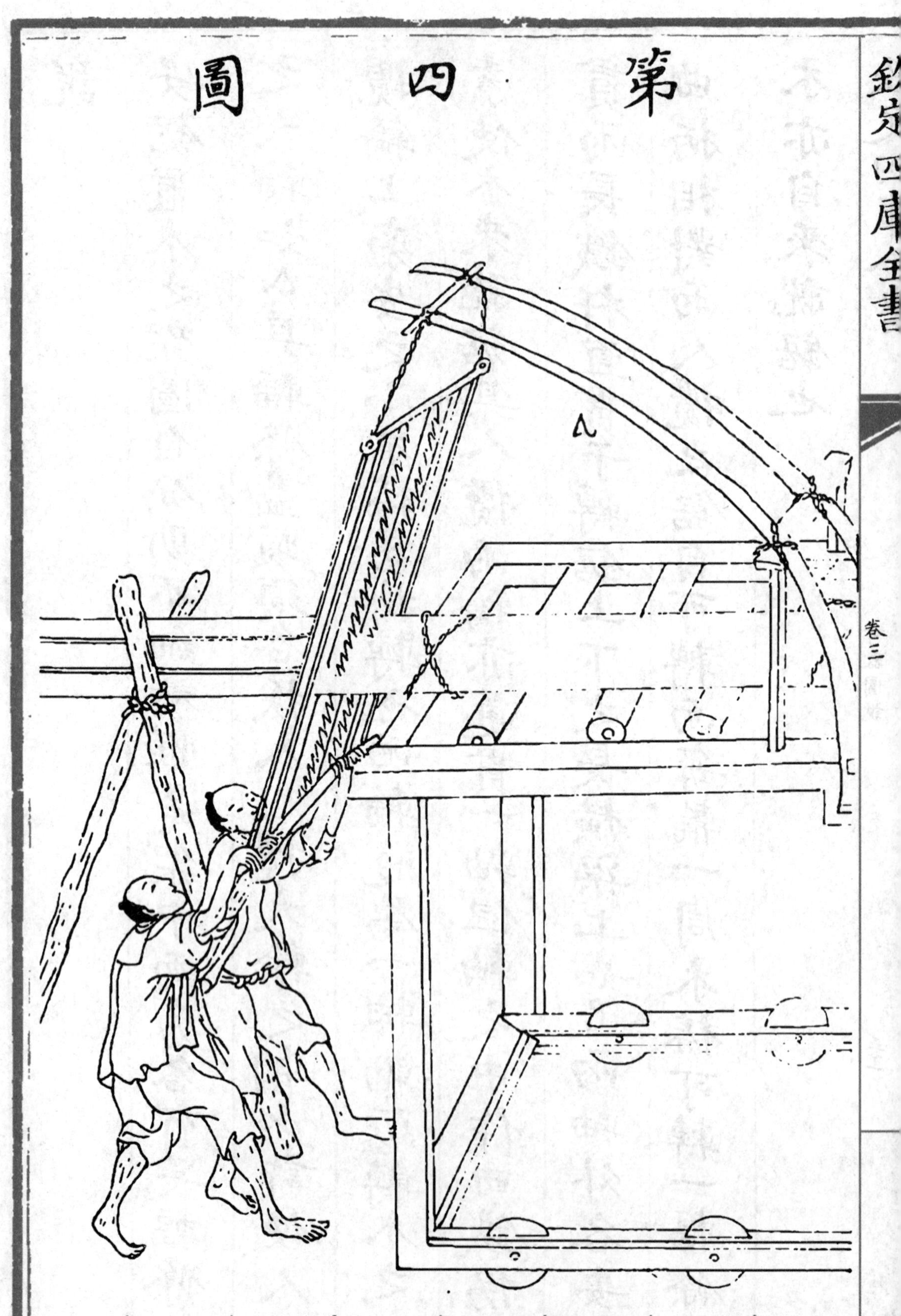
第四圖

說

解法用人如常第架上後端立兩有力之竹弓如乙則省人力多多矣覽圖自明無容多解

解石之圖

解石

說

假如有石欲解成幾板則有架如八于架近一頭處安立軸上安有齒平輪如乙平輪轉旁燈輪如乙燈輪又轉小立輪上如○小立輪軸外有曲拐如儿曲拐之端貫直鐵杆兩端有環如匕一端環貫曲拐之末一端之環則貫曳鋸之長木杆下端長木杆上端有軸可轉木杆立貫鋸干兩頭活滑車梢轆中如乢鋸或二或三俱精鐵為之第無齒耳兩曳鋸長木杆下端連以鐵杆兩端有環如卜以一馬轉立軸平輪則曲拐往來鋸自行矣

轉碓

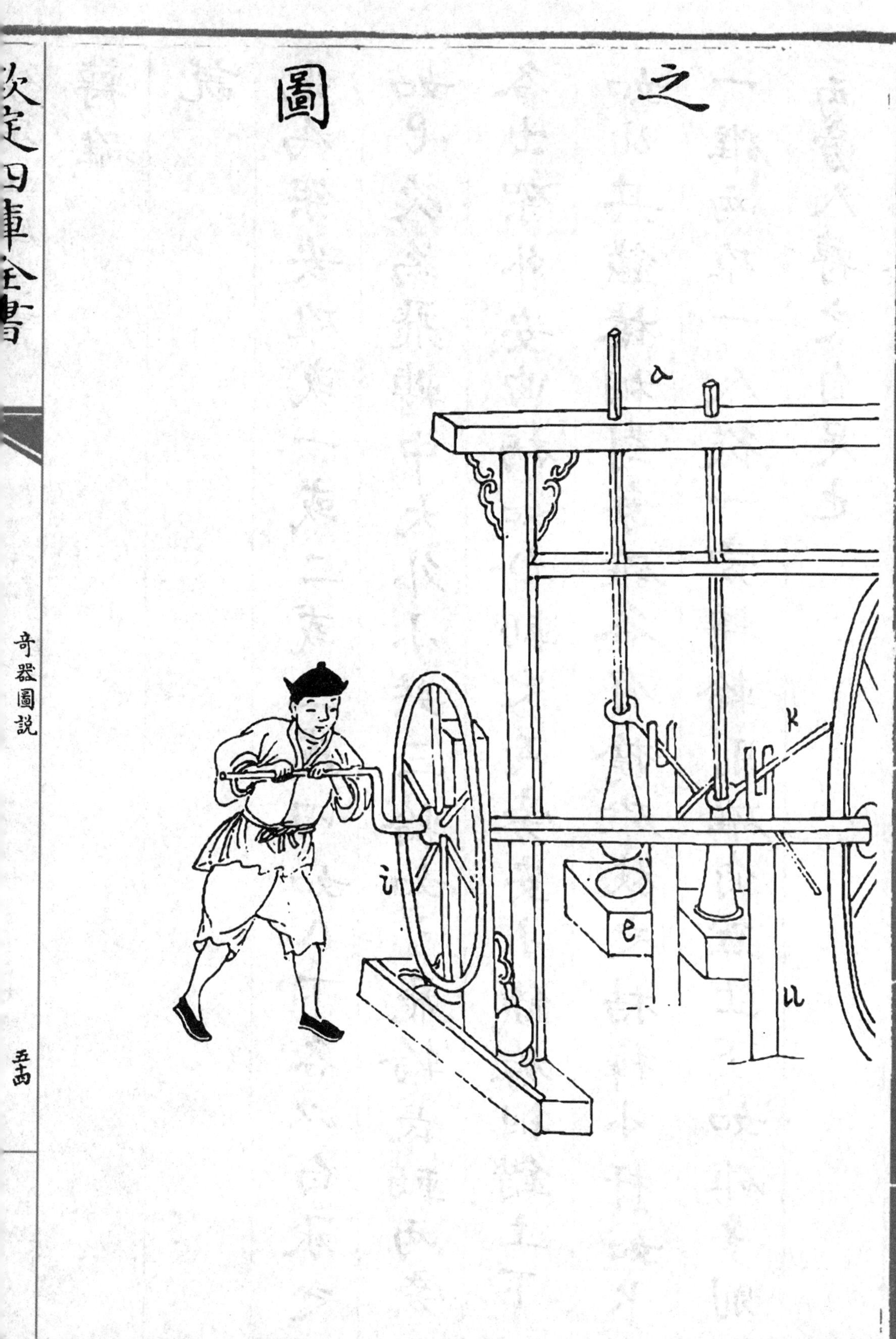
之圖
a
k
e

轉碓

說

先為架安碓或一或二或三或四如ᗅ下各以臼承之

如巳次為飛轉中大外小共三輪如乙飛輪長軸兩旁

各出架外安曲柄如○軸之兩旁安小鐵樁相錯上下

如儿其鐵樁相對每碓各有擒碓枝之桔槔小杆如ᛕ

一碓兩碓一人從一旁轉輪則碓自然上下如碓多則

兩旁人轉之自足也

一

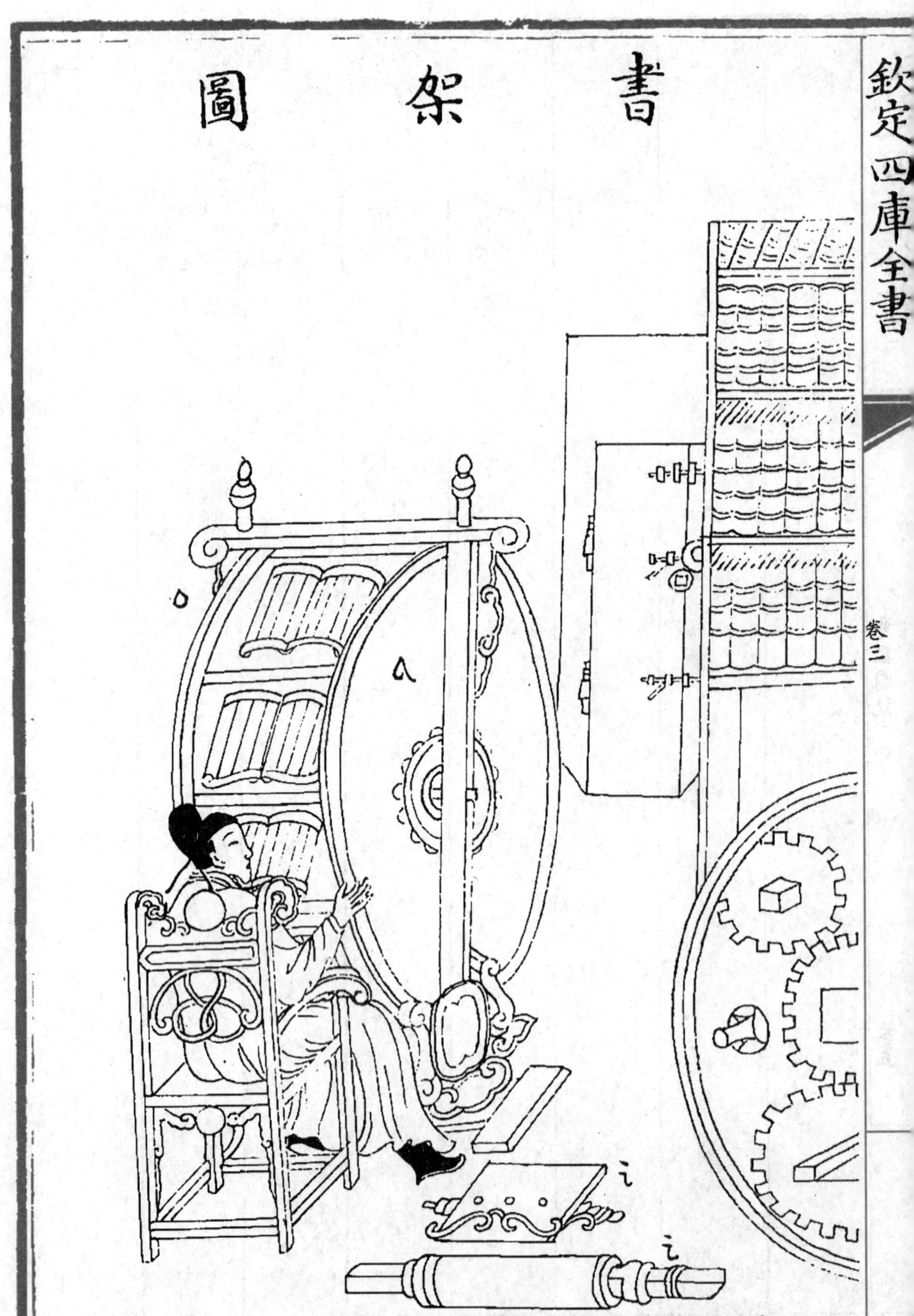

書架圖

書架

說

先為大輪外形同鼓箱如內為有齒之輪相等者共九輪八面各一中央一輪又于八輪之內各安相等八小輪俱有齒中央輪動則八小輪自轉而八大輪隨之其詳旁有散圖如已其書安置八大輪一旁軸上有座有軸其詳亦旁有散圖如之大輪安置架上如欲求某書大輪一轉則某書自來就人而餘書雖已轉過仍各上下自如不隨輪而顛倒也

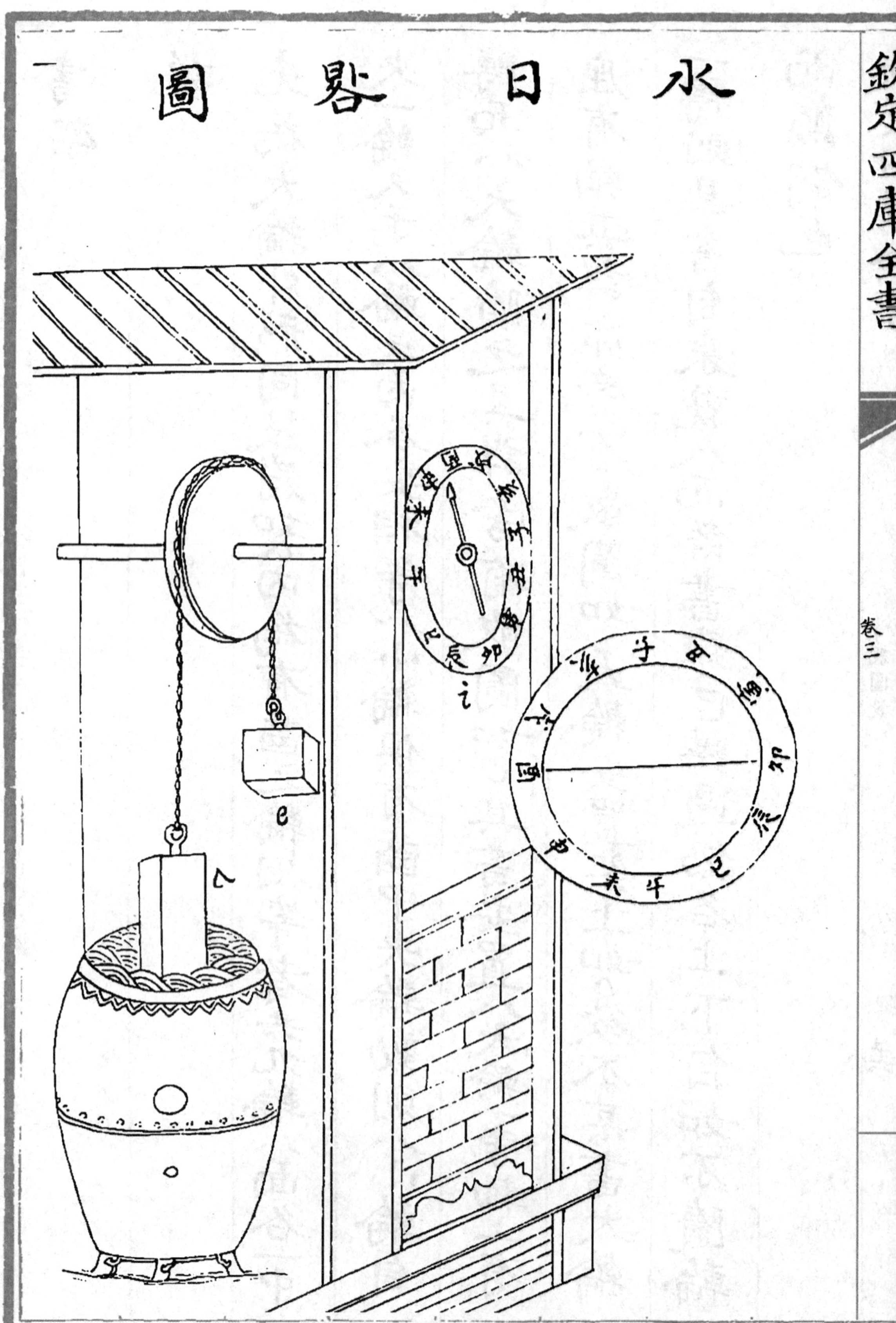
水日晷圖

日晷

說

先以小銅承水於底鑽一小孔徐徐出水上安小揖轤長轉軸出墻外楫轤上纏以索下端繫重木如a然亦不必太重上端繫小重如e墻外軸端定安日晷如i水徐徐下則重木亦必徐徐下而日晷以時轉矣此省便法也

代耕

之圖

代耕

說

先爲兩轆轤架如ㄙ兩轆轤係兩長索貫犂其中如ㄋ兩人遞轉轆轤之索一人扶犂往來自可耕也

嚮余在計部覲政時曾以臆想作此不期與此圖甚相合也可謂先得我心之同然矣

水銃第一圖

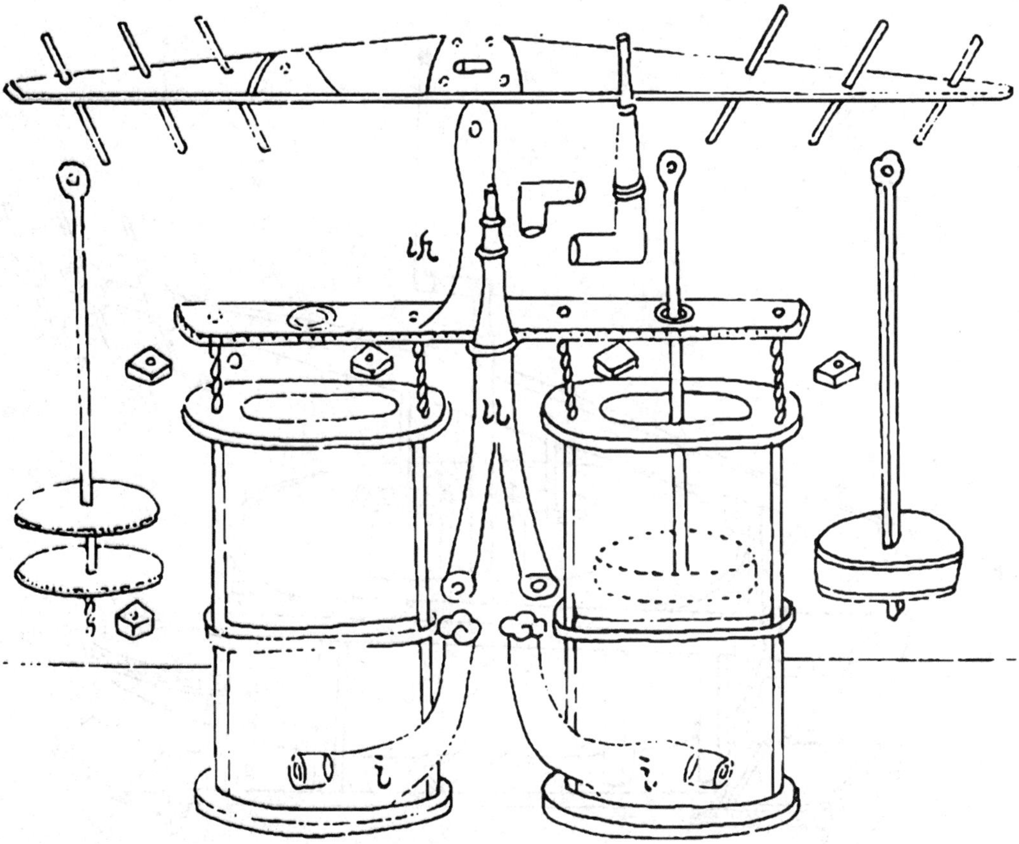

第二圖

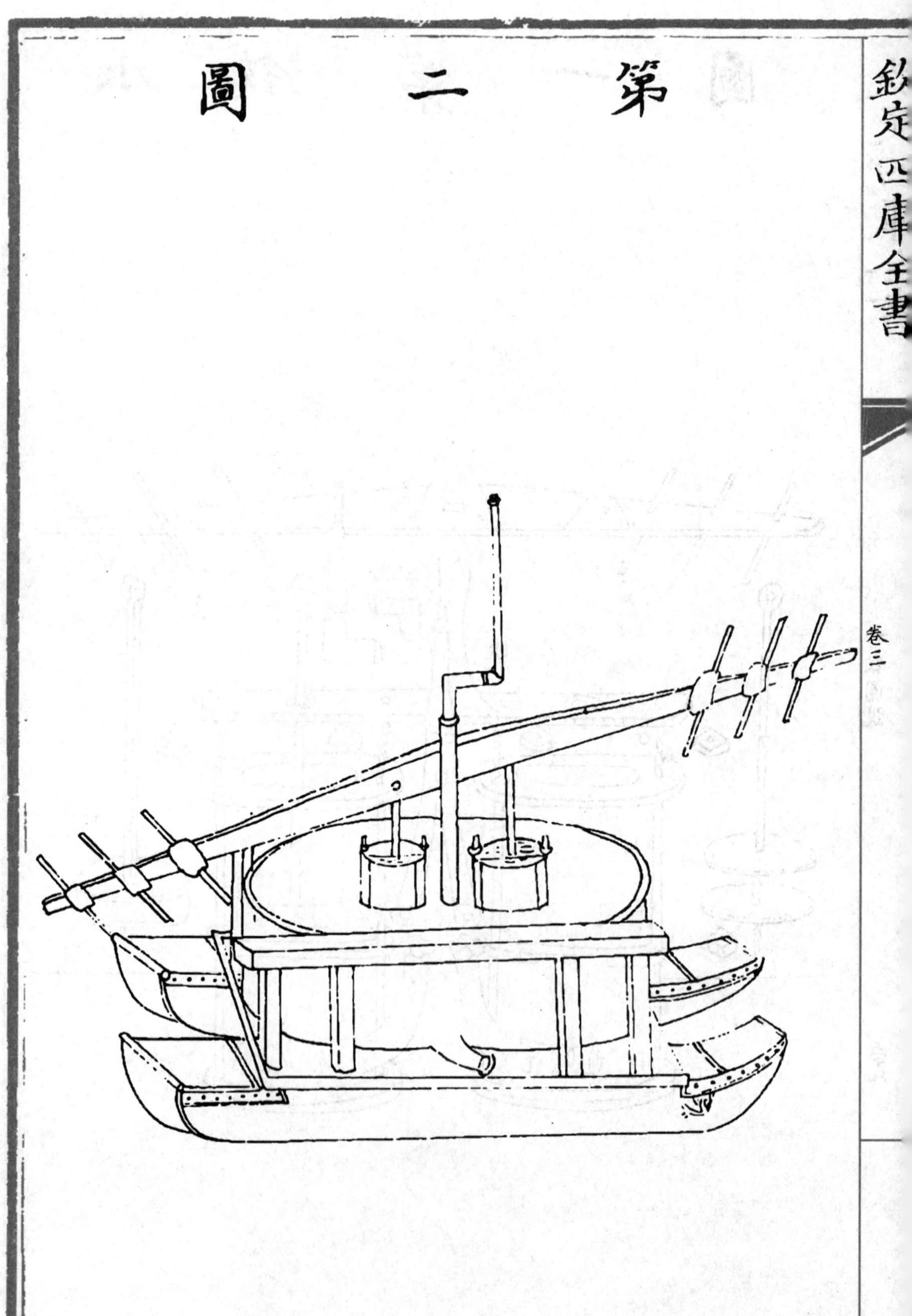

第三圖

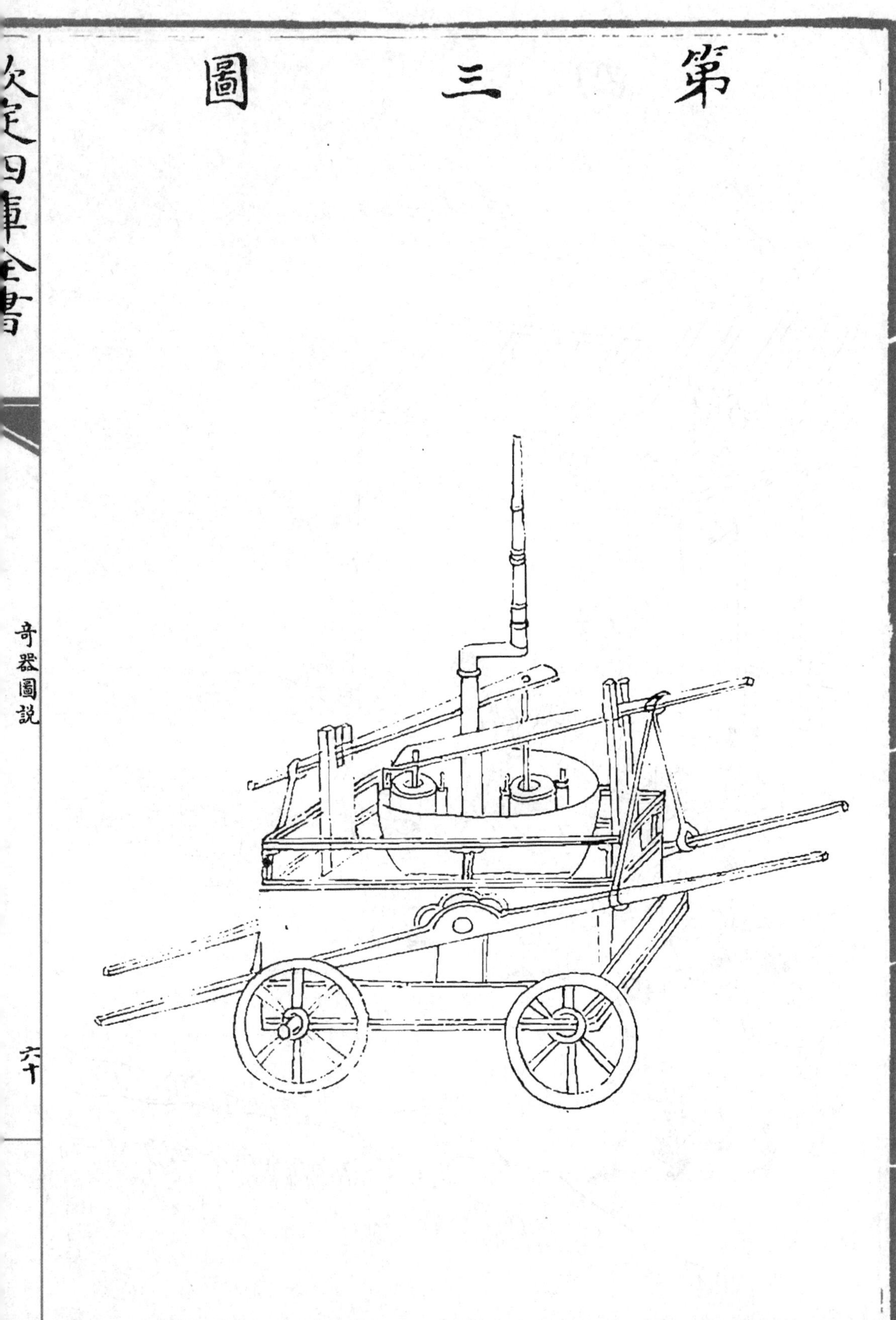

第四

之圖

水銃

圖凡三

説

先鑄兩銅筩如ΛΔ其容之廣從二寸或至十寸任人意為之其高少或一尺多或一尺有半内容務上下相等其底要最堅厚其氣眼如ℓB有鞴或在旁或在底或在底旁少許但在底更便旁安管少彎曲向上如ιl各有小鞴如ιE上有兩叉總管如ιιD縈壓合於兩彎管上無絲毫漏

隙為則鞴共四個氣眼入水處兩個彎管出入處兩個另有柁二具如厶从，其柄以鐵為之其柁則銅柁用兩層銅柁周圍以滿銅筒之容為度銅柁兩層中間用輭皮數層擠實為則兩銅筒俱安一銅鍋內要極穩勿動為則鍋底要平如無銅鍋堅大木桶亦可於兩銅筒之上安橫梁如乙九兩旁中央安兩鐵孔是兩柁所由上下者居中有鐵天平立柱其柱頂頭有小轉軸眼上橫安天平長木擔於兩柁上下處用環連於擔上兩端多設平木樁以便多人攀舉又有直角小管如kl貫於總管出水上口之外要最嚴密又要可周旋轉動使之四面八方去也就中有小圓槽施以短釘務令可轉而不可上其必用槽用釘者水力最大不則衝之去矣此管上又有直角管但其嘴少長於kl為ph其長少亦三尺愈長其出愈遠但嘴必少弱於管身為出水之勢耳直角長管與短管相貫處亦必用槽用釘如前法此管則一人用手可轉或上或下或正或斜皆可向有火處施放之

也此器有二種或定在一處如第一圖或用船車無輪者如第二圖其法皆同又有一種其器同但在有輪車上不用橫梁止用槓子天平如第三圖任人意消詳作之耳其運水之法排定多人人人可接遞袋之水至於盛筒鍋內周轉無窮必用皮袋運水者視他器便且不破壞耳

此水銃可以滅火可以禦火可以防火乃新有之器其能力最便最大最奇諸器所難比其功用者也蓋

倉卒之際火力正勝人不可近但有此器則五六人可代數百人之用又不空費一滴之水不拘多高多遠皆可立到有似大雨噴空無處不霑不但可滅已燄之火仍可預阻未燃之火況有圖有說作此不難工力價直且不甚費凡城邑村坊悉當置此二三具其於捍患禦災最有裨也已作小樣試之良驗有志於仁民者其尚廣為傳造焉

奇器圖說卷三

諸器圖說

明　王徵　撰

引水之器二圖說引

田高水下苦難遂灌爰制引器用利高田厥器凡二一名虹吸一名鶴飲虹吸引之既通不假人力而晝夜自常運矣鶴飲雖用人運然視他水器則猶力省而功倍焉剏其制簡易尤便作者故並圖說之如左

虹吸圖

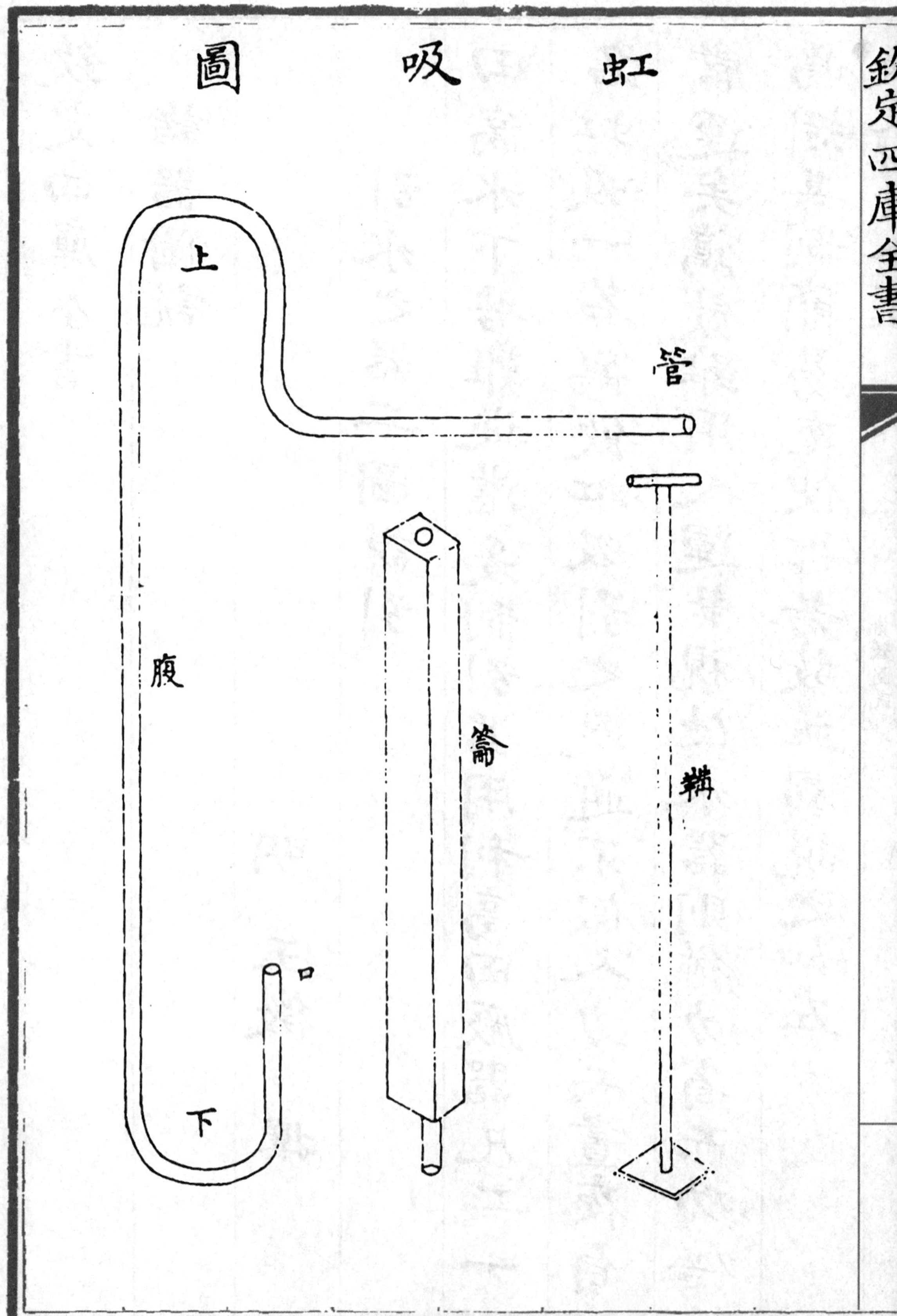

虹吸圖說

刳木為筩筩之容或方或圜圜徑寸方徑不及寸者分之二母薛母綦母齡筩之長無定度茲井及泉以為度筩之下端橫曲尺有二寸而為之口口迤而上高數寸口之容弱於腹之容惟防口之內有舌開闔戚速而無倚於圜筩之上端出井及尋橫曲二尺有奇迺垂垂四尺奇迤而下長及常而為之管管視筩之腹惟窓筩之曲若審惟樸屬為良筩之圜內以寸緄縢之斂以油灰

之齊腥塗其郤毋俾針芒之或耗筒兩端有鏨相以施約無瓿無杌兩止管入以籥惟嚴假鞲鼓之度水衡於管遄捎其籥則霤吐如趵突也以終古

辟破裂也暴墳起不堅緻也齘切齒怒亦偪窄之意竑量也阞謂三分之一八尺曰尋倍尋曰常窓小孔也畨兩木交湊處樸屬附着堅固也緄繩也縢約束也斂塞也齊與劑同腥厚也瓿壞杌動也遄速也捎除去也泉水之上出者曰趵突

銘

爾躬匡梃爾腹淵然一氣孔宣厥瀵斯泉載沃載漣惠

我當田祝爾萬年

字音

辥卜革反暴音剝齘音𨻶阞音勒惌音遠斂音聶

腥音屋𤬪音客捎音蕭梃音延當音勻

鶴飲圖

鶴飲圖說

為長槽或以巨竹或以木其長無度坻水淺深以為度尾殺於首三之一首施扉惟樸屬為良扉之容則以轂扉翳施木刀如棹末之制俾與水無忤中其槽設兩耳函軸迺於岸側菑兩楹高地僅尺俾毋杌楹之巔對設以軹貫軸其中惟活昂其尾入之扉也水滿則首一昂而流之奔於槽外也其孰禦視桔橰之功挈無虛而捷也可省夫力十之五

㕓水㕓所以盛水者也㲉受一斗二升𨻶謂下面覆處𦋺樹立也楹柱也軹小穿也

銘

冽彼下泉澤蔑及畞爾奮爾力遑恤濡首載沉載浮爰噏爰嘔吁嗟爾云勞矣匪爾之勞誰其長此禾黍

字音

𨻶徒門反𦋺音總

轉磑之器三圖說引

磑必須物也每嘆人若畜用力甚艱爰制三器代以節之一名輪激一名風動一名自轉輪激雖用一人撥轉然坐運可無太勞且疾視常磑以倍若風動自轉二器則憑機自動其不用人也全矣故並圖說之如左

輪激圖

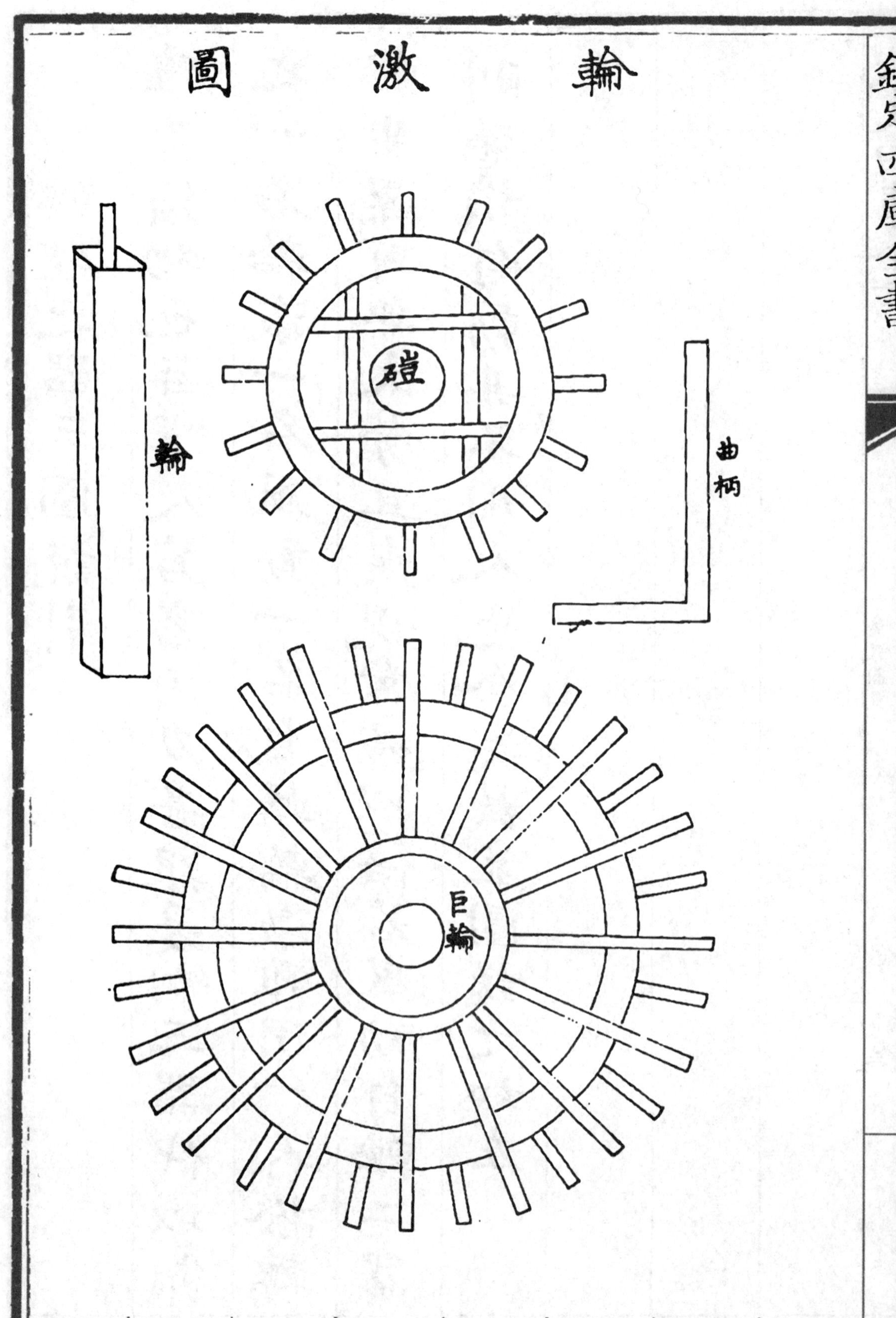

輪激圖說

為巨輪一徑六尺有奇準田車樸屬微至如其制轄亦準獨牙之外施齒或金或木惟堅齒殺其末長五寸間同之轂外端施曲柄一六分其巨輪之崇捎三以為小輪之徑厥牙少弱於巨輪齒與間則視巨輪莫二無轂無輻為井木施磑周函之無杌無歹磑盤之側坎其地為揹穴立縣巨輪其中以半期利轉無閡而止巨輪齒與磑周輪齒之相親也必一一無爽為弔一人坐運約

省夫力十之九

微至至地者微也輪圜乃能若是轊軸也牙讀作迓謂輪輮也㦲又謂之罔殺其末謂裒小之也間兩齒相離之中也捎三除去六分中之三分也仄仄側意坎陷也揹長圜孔也弔精至之名

銘

操獨柄者人耶遞相親者輪耶居重馭輕觀磨而化者其無垠耶

字音

轊音衛

風磑圖

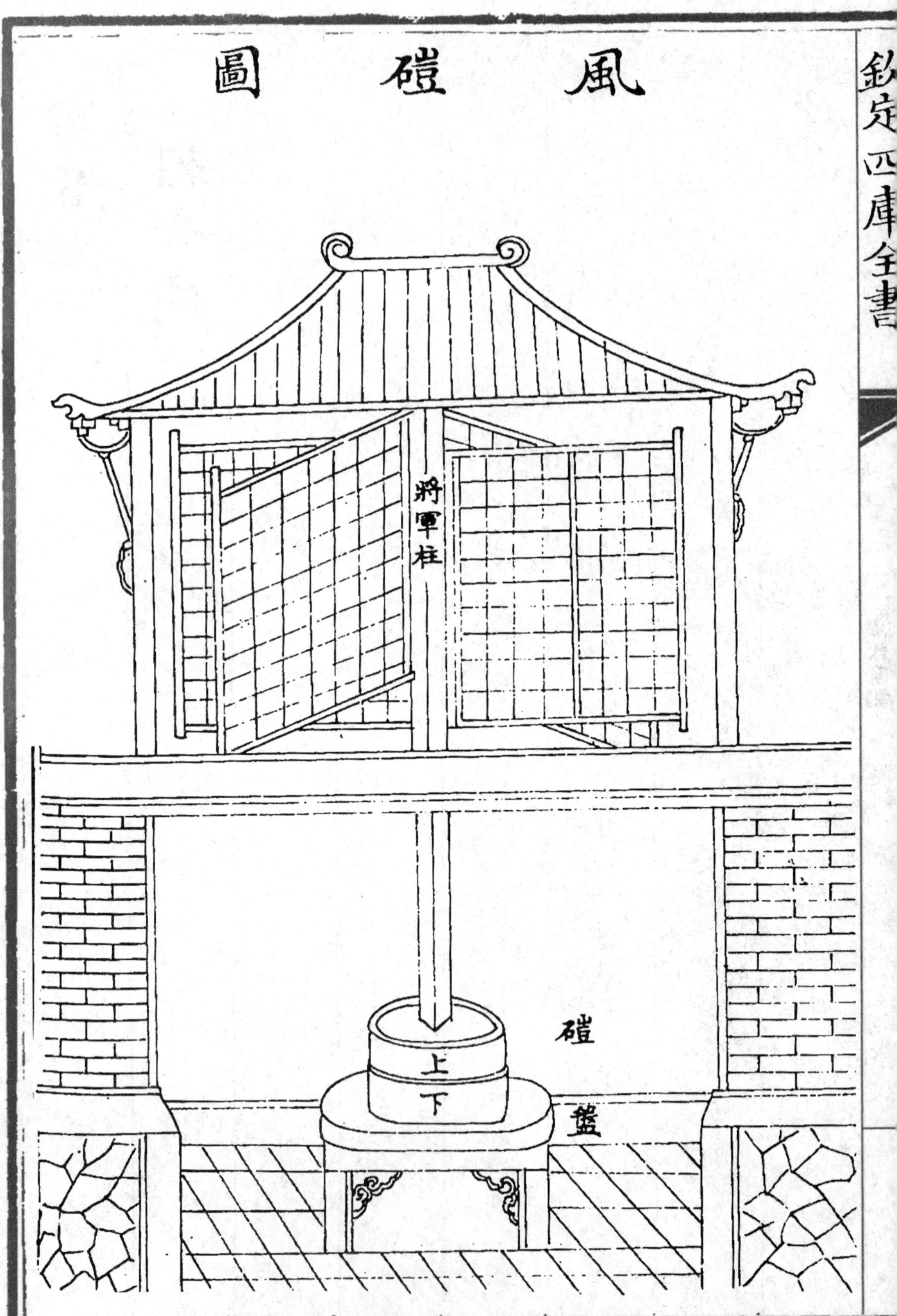

風磑圖說

為層樓一座上七下八方徑各長丈有三尺樓上層不圍下層三面圍墻一面門樓下安磑以臺臺臺高三尺磑上扇中鑿方孔深三寸用安將軍柱下端將軍柱長丈有二尺上端安鐵鑽俗所謂六角六面是也其尖入上横梁横梁當四方之最中處安鐵窠窠即為柱尖入處柱下端為方枘相磑上扇中所鑿方孔為之將軍柱從樓板中央貫上直至横梁横梁下尺許以下樓板上天

許以上始安風扇風扇凡四每扇横長六尺上下五尺竪木為框中加十字木棖一面用簾障之邉皆以索連之框上先於將軍柱樓板上尺許以上横梁下尺許以下安夾風扇木輪二各厚尺許周圍除安將軍柱外寛仍尺許各十字鑿五寸深槽槽視風扇框厚薄為之風扇入槽以裹仍兩端為孔安上即用索緊束柱上勿令活動為則風扇可卸可安樓之製照尋常碓亦尋常用者無他謬巧止借風力省人畜之力云耳此葢西海金

四表先生所傳而余想像損益圖説之若此觀者肯廣為傳製或於民生日用不無小補云

自行磨

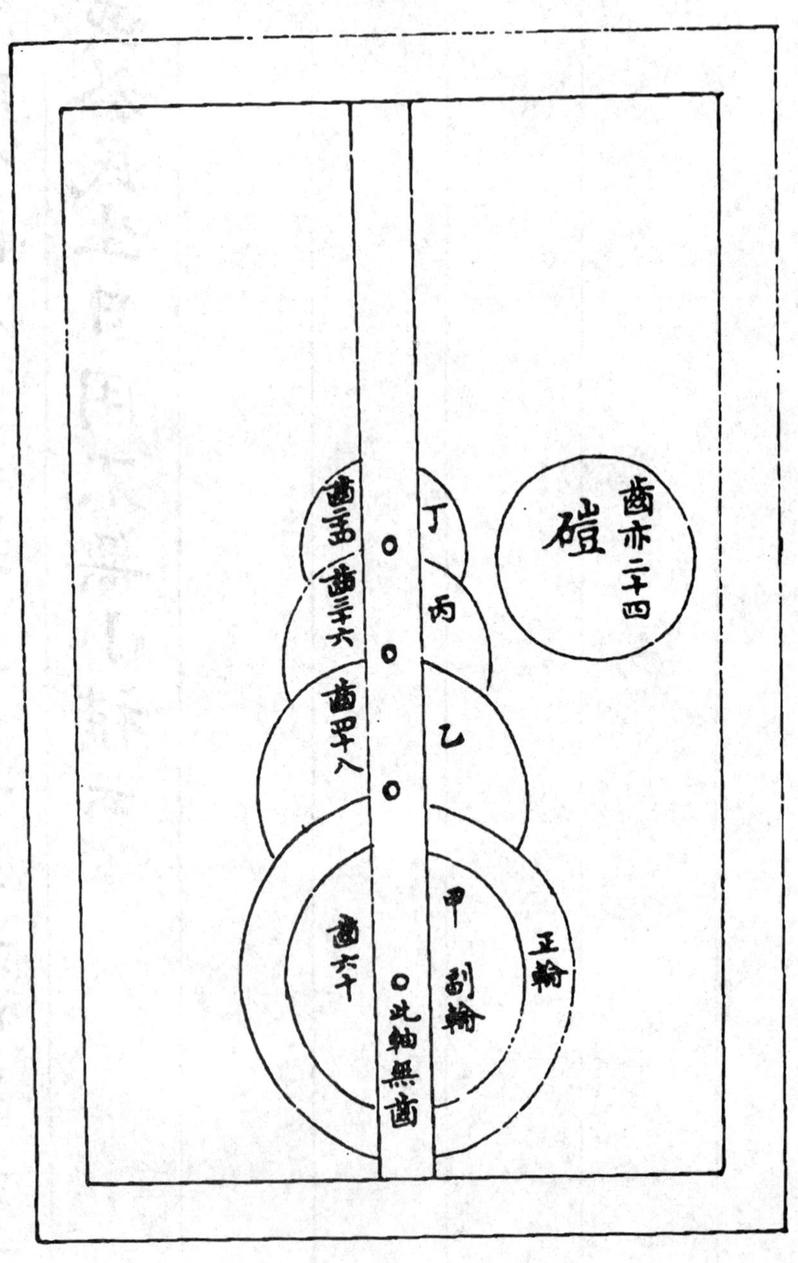

準自鳴鐘推作自行磨圖説

先以堅木為夾輪柱二根厚四寸寛六寸高視輪為度輪凡四名之甲乙丙丁甲輪之齒凡六十乙齒四十八丙齒三十六丁之齒則二十四與磑周輪齒相對乙丙丁之軸皆有齒數皆六甲輪軸則獨無齒然有副輪徑弱於正輪者尺有五貫索而垂重所以轉諸輪因而轉其磨者也而轉副輪則又另有一機其垂而下也與正輪同體而下其上也則副輪轉而正輪分毫無掛且其

轉上之法甚活婦人女子可轉也此為全體輪架安定旁安其磨磨上扇周施齒如丁輪但與丁輪齒相間無忤則磨行矣凡甲輪轉一周可磨麥一石若索可垂深數轉則又不止一石而已第作此覺難非富厚家不能如止用兩輪則輕便殊甚是在智者自消詳焉

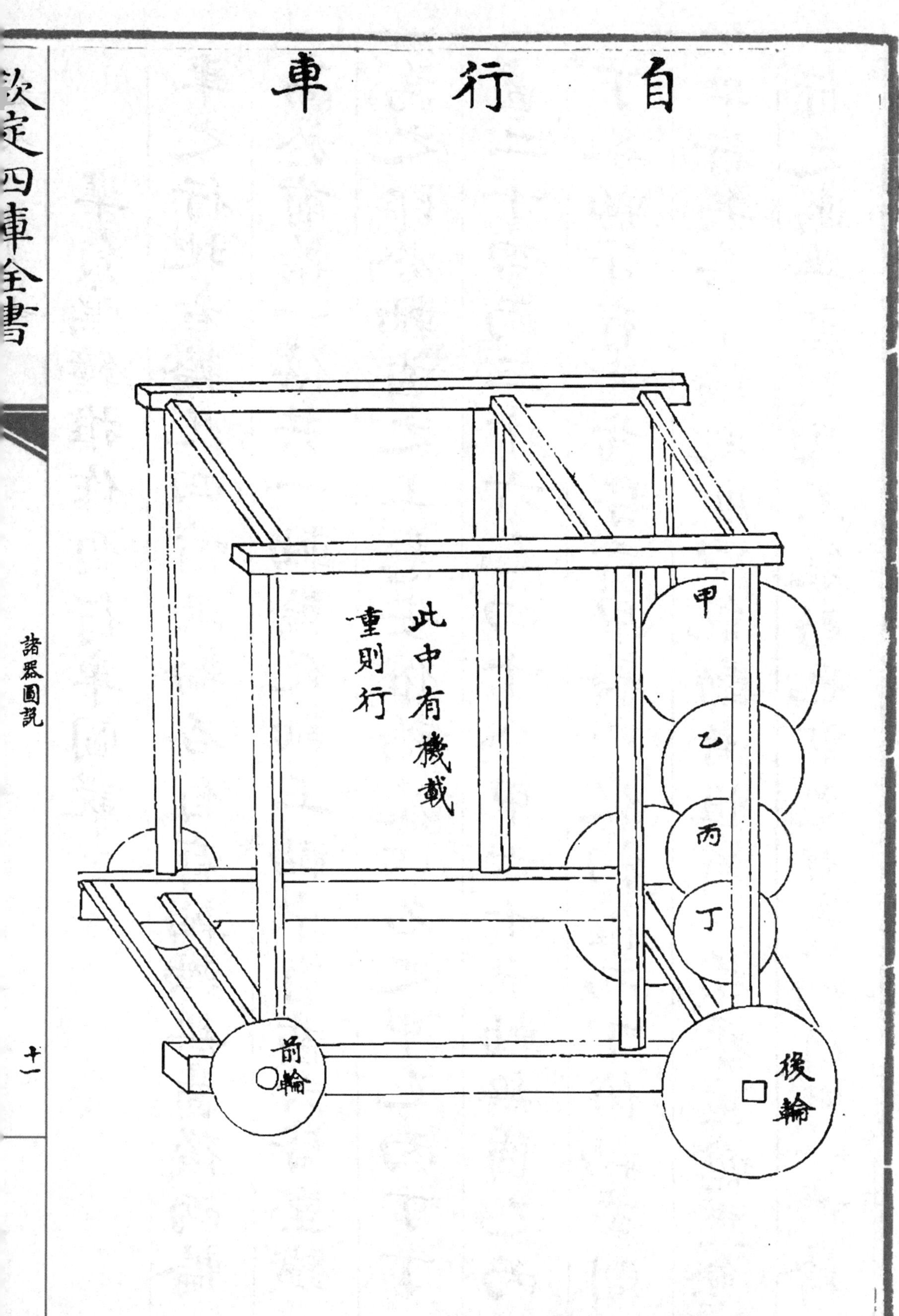
自行車
此中有機載
重則行
甲
乙
丙
丁
前輪
後輪

準自鳴鐘推作自行車圖說

車之行地者輪凡四前兩輪各自有軸軸無齒後兩輪高於前輪一倍共一軸輪死軸上軸中有齒六皆堅鐵為之即於軸齒之上懸安催輪凡四名之甲乙丙丁丁齒二十四丙三十六乙四十八甲六十甲軸無齒乙丙丁各軸皆有齒齒皆六甲輪以次相催而丁催軸齒則車行矣其甲輪之所以能動者惟有一機承重愈重愈行之速無重則反不能動也重之力盡則復有一機斡

之而上儻遇不平難進之地另有半輪倠杆倠之若所稱流馬也者其機難以盡筆總之無木牛之名而有木牛之實用或以乘人或以運重人與重正其倠行之機云耳曾製小樣能自行三丈若作大者可行三里如依其法重力垂盡復斡而上則其行當無量也此車必口授輪人始可作故亦不能詳為之說而特記其大畧若此云

木人行處

內鼓

內鐘

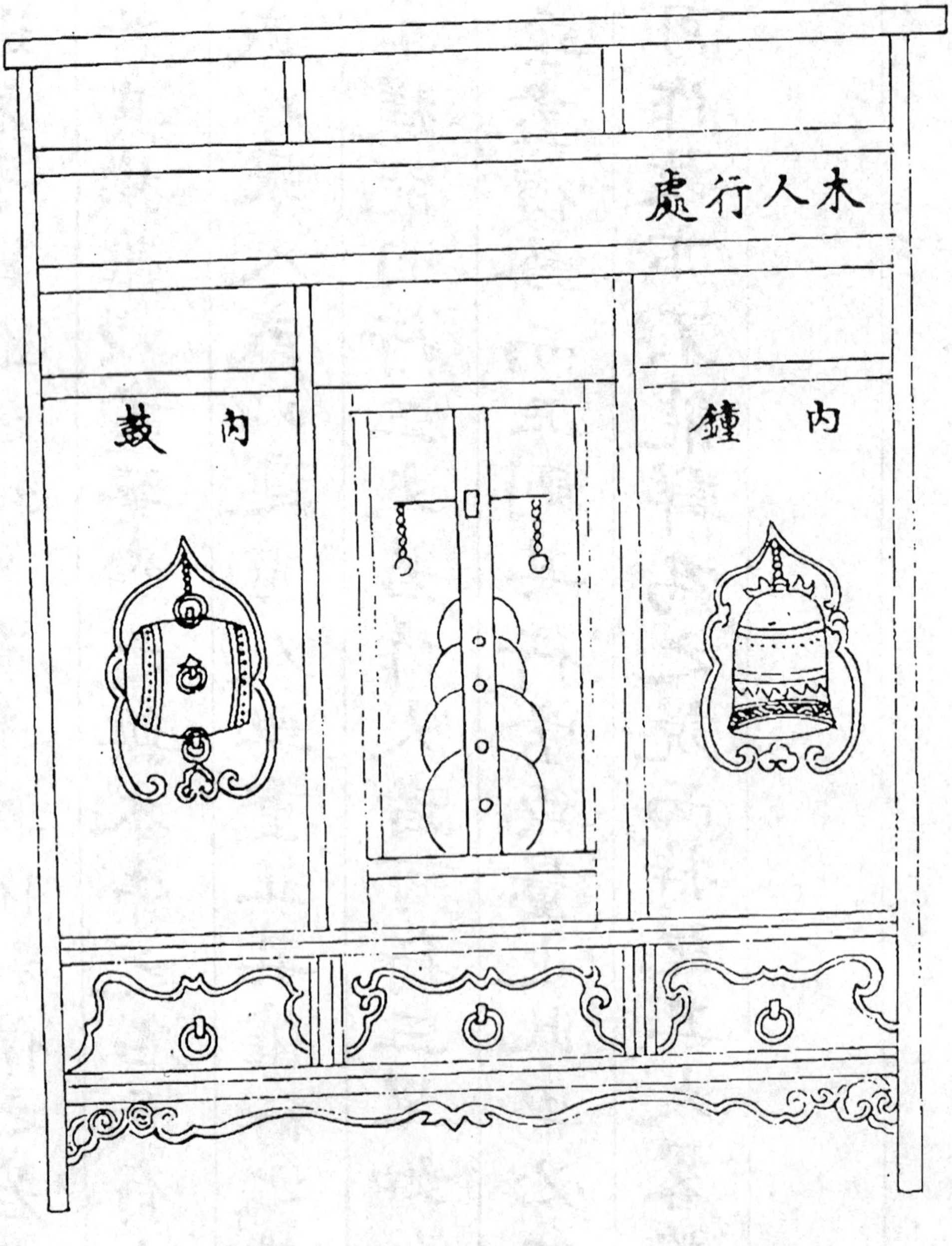

輪壺圖說

以文木為櫝櫝之製上下兩層上層高四寸下層高二尺三寸上層為活蓋中藏更漏兩槽及各筒用盛鉛彈俱有機其蓋前面掩上二寸内藏十二時辰小牌下二寸明露容小木人於中可自前行應時撥動其牌垂時以示人也木人之行則機係於下層櫝中總輪之架總輪之架安櫝下層中央空處外有門二扇可開可闔櫝寬長二尺六寸側則各一尺二寸其中央安輪架空處

寬可一尺兩傍各八寸一安鐘一安鼓門各從側面開閉下層兩端留二寸作足以三寸作抽樞三個即依中間一尺兩傍各八寸為之其輪架之製先為兩鐵柱以次遞安其輪輪皆以精鐵為之首鋸齒小輪為丁次丙輪次乙輪次甲輪甲之齒六十乙齒四十八丙齒三十六乃乙丙丁三輪之軸之齒則均用六數不多也甲軸獨無齒然有索直上貫於木人之足而以鉛重垂而下墜所為轉木人之總樞也甲動催乙乙催丙丙催丁而

丁之所催者則另有十字分左分右之撥齒盖諸輪遞催轉行甚速而撥齒於中一似左推右阻故使之遲遲其行者此微機也輪壺之妙全在於此此難悉以筆楮亦未可盡圖繪至兩傍鼓鐘安置之法與夫更漏遞自傳報之法皆有機為連絡亦俱未便圖説總之此壺作用全在於輪輪則轉動木人木人因而自行繫鼓報時又能帶動諸機時至則擂鼓撞鐘又能按更按點一一自報分明不似昔人所為懸羊餓馬不甚清楚也此於

明時惜陰二義或者不無少補比之璇璣刻漏銅壺之製似亦易作嚮曾製一具在都中見者多人當亦諒其匪妄也

銘

泰圜轂轉坱軋無垠兩輪遞運萬象更新睠彼晝夜終古相因流光難追往哲競辰嗟予小子歲月空淪爰製斯器寸陰是珍義取叶壺名被以輪韞櫝而藏靜遠囂塵應時傳響發若有神斡旋元化密行緜綸屋漏有天

日月為隣可襄七政可利四民可貲盤旅可籍怡真能

大能小觸類引伸晦明風雨天路永遵考鐘伐鼓晷漏

畢陳聞聲動念警我因循銘之座右蚤夜惟寅

代耕圖

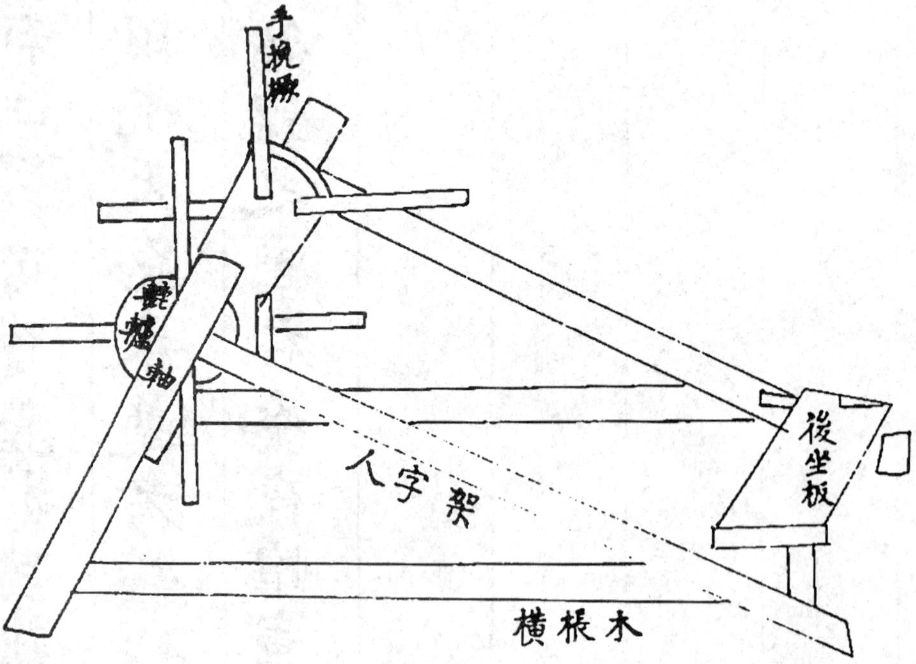

手挽橛
轆轤軸
後坐板
人字架
横根木

代耕圖說

以堅木作轆轤二具各徑六寸長尺有六寸空其中兩端設軹貫於軸以利轉為度軸兩端為方枘入架木内期無揺動架木前寛後窄前高後低每邊兩枝則前短而後長長則三尺有奇短止二尺三寸兩枝相合如人字樣郎於人字交合處作方孔安其軸兩人字相合安軸兩端又於兩人字兩足各横安一棖木則架成矣架之後長盡處安横桄桄置兩立柱長八寸上平鋪以寛

极便人坐而好用力耳先於轆轤兩端盡處十字安木橛各長一尺有竒其十兩頭反以不對為妙轆轤中纒以索索長六丈度六丈之中安一小鐵環鐵環者所以安犁之曳鈎者也兩轆轤兩人對設於三丈之地其索之兩端各係一轆轤中而犁安鐵環之内一人坐一架手挽其橛則犁自行矣遞相挽亦遞相歇雖連扶犁者三人乎而用力者則止一人且一人一手之力足敵兩牛况坐而用力往來自如似於田作不無小補此余在

計部觀政時承松毓李老師之命而作業已試之有效也者故圖之因并記之若此

新製連弩圖說引

聞昔武矦有連弩法親授姜維想當日木門道萬弩齊發射死魏大將張郃者或即其製迺其製失傳久矣近世有從地中掘得銅弩者制作精細無比今之工匠不能造然特弩之機耳而人輒以為全弩也故卒莫解其用徽愚偶得見之嘆服古人想頭神妙如許再四把玩因了悉其運用機括僭為增損一二且易銅為鐵不但簡質易作更覺力勁而費省似於今之行陣甚便也敬

圖說之如左

新製連弩散形圖

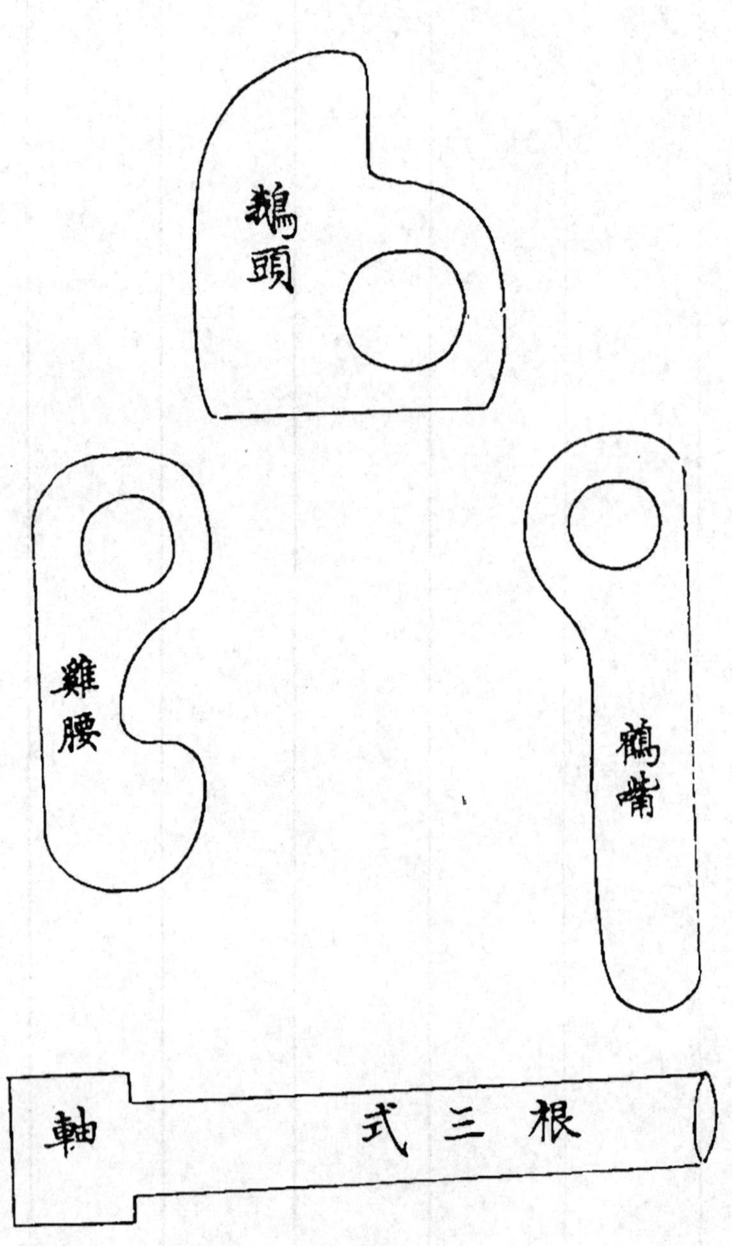

弩牀式

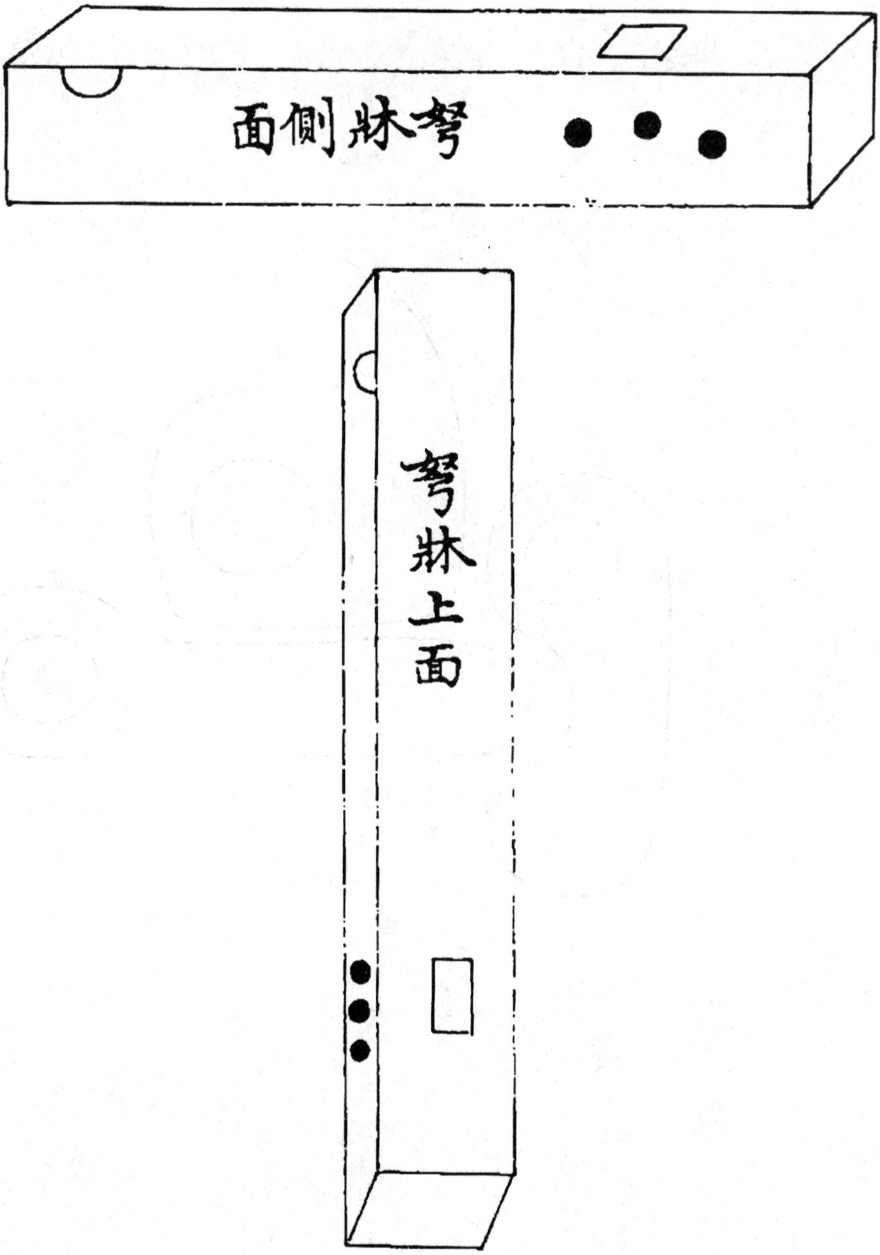

弩牀側面

弩牀上面

弩機待用

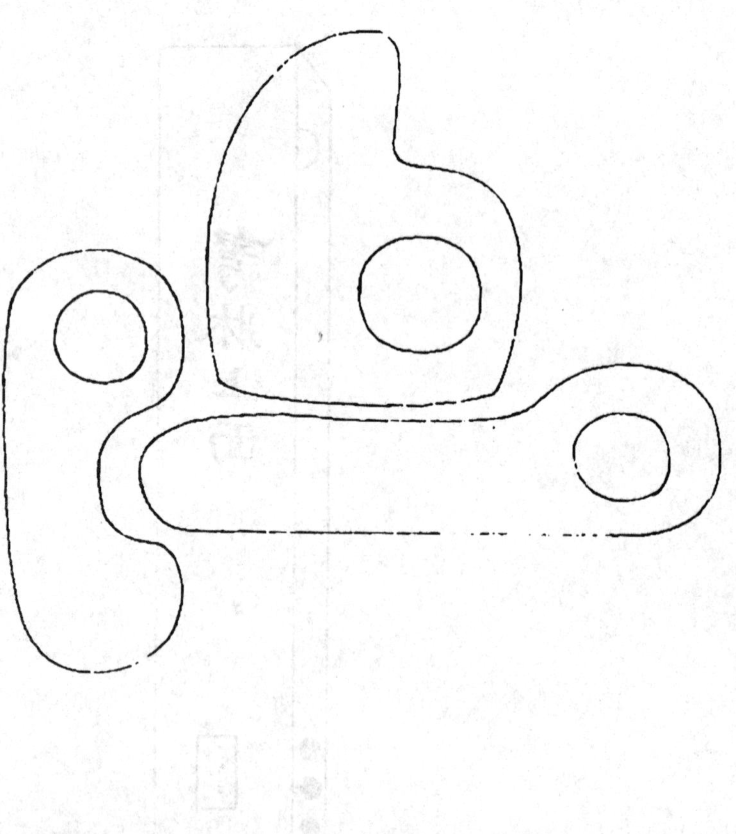

連弩散形圖說

先用堅木為弩牀一具長三尺濶二寸厚三寸前端入三寸許鑿半圓小孔安弩背惟繫後端入三寸許從正面居中鑿一孔寬三分長五寸孔中取滑澤用利諸機旋轉孔上面以鐵片平罨中留一寸小孔兩傍凖木孔務瑩平無閡而止又從側面照式鑿二軸孔眼一面圓一面方軸入未敢致動㨿其安機法先安鵝頭居中以其尖出鐵孔上下旋轉為凖次安鶴嘴在後以上承鵝

頭取平兩鵝頭之尖出鐵孔中直立為準又次安鷄腰在前以鷄腰中穴順其自然平穀鶴嘴為準三者俱準如式然後鈎弩絃扣滿掛鵝頭出孔尖上兩邊排箭或二或三多不過六弩伏地中箭向前列各弩聯絡多多益善又有微機伏敵來路敵來一觸其機則萬弩齊發驟莫能禦矣其發弩之機與一連二二連四以至百千連發機括須用口傳頗稽莫克悉也間用此式擴而大之可作千步弩别有圖說兹不具載

諸器圖說

總校官候補中允臣王燕緒

校對官中書臣江璉

謄録監生臣秦沆

圖書在版編目（CIP）數據

奇器圖説 / (明) 鄧玉函, 王徵撰. — 北京：中國書店,
2018.8
ISBN 978-7-5149-2075-8

Ⅰ. ①奇… Ⅱ. ①鄧…②王… Ⅲ. ①力學－圖解 ②工程機械－圖解 Ⅳ. ①O3-64②TU6-64

中國版本圖書館CIP數據核字(2018)第080125號

四庫全書·譜録類

奇器圖説

作　者　明·鄧玉函　王　徵撰
出版發行　中國書店
地　址　北京市西城區琉璃廠東街一一五號
郵　編　一〇〇〇五〇
印　刷　山東汶上新華印刷有限公司
開　本　730毫米×1130毫米　1/16
印　張　37.5
版　次　二〇一八年八月第一版第一次印刷
書　號　ISBN 978-7-5149-2075-8
定　價　一三六　元（全二册）